焊接设备操作与维护

主　　编　刘德文　吴小俊　刘晓莉
副主编　赵现金　王永超　蔡嘉伟
参　　编　曹琴琴　林　巧　马　伟
　　　　　陈凤蓉
主　　审　许　莹

北京理工大学出版社
BEIJING INSTITUTE OF TECHNOLOGY PRESS

内 容 简 介

本书主要介绍焊接设备操作与维护的知识与技能。本书重点培养学生对常用焊接设备进行操作与维护的能力，全书包括课程导入及两个项目，其中课程导入包括常用焊接设备介绍、弧焊电源的认识；项目 1 为焊接电源的结构与使用，介绍交流弧焊电源、弧焊整流器电源、逆变控制弧焊电源、脉冲弧焊电源、弧焊电源的结构与使用；项目 2 介绍埋弧焊机、CO_2 气体保护焊设备、氩弧焊设备的使用与维护。

本书内容全面、图文并茂，可作为中等职业学校焊接技术及自动化等专业的教材，也可供相关技术人员参考使用。

版权专有　侵权必究

图书在版编目(CIP)数据

焊接设备操作与维护 / 刘德文, 吴小俊, 刘晓莉主编. -- 北京：北京理工大学出版社, 2021.11
　ISBN 978-7-5763-0634-7

Ⅰ. ①焊… Ⅱ. ①刘… ②吴… ③刘… Ⅲ. ①焊接设备-操作-职业教育-教材②焊接设备-维修-职业教育-教材 Ⅳ. ①TG43

中国版本图书馆 CIP 数据核字(2021)第 222384 号

出版发行 /	北京理工大学出版社有限责任公司
社　　址 /	北京市海淀区中关村南大街 5 号
邮　　编 /	100081
电　　话 /	(010)68914775(总编室)
	(010)82562903(教材售后服务热线)
	(010)68944723(其他图书服务热线)
网　　址 /	http://www.bitpress.com.cn
经　　销 /	全国各地新华书店
印　　刷 /	定州市新华印刷有限公司
开　　本 /	889 毫米×1194 毫米　1/16
印　　张 /	9.5
字　　数 /	190 千字
版　　次 /	2021 年 11 月第 1 版　2021 年 11 月第 1 次印刷
定　　价 /	28.00 元

责任编辑 / 陆世立
文案编辑 / 陆世立
责任校对 / 周瑞红
责任印制 / 边心超

图书出现印装质量问题，请拨打售后服务热线，本社负责调换

前言

教材建设是职业院校教育教学工作的重要组成部分。作为直接体现职业教育特色的知识载体和基本教学工具,教材的质量直接关系到职业教育能否为一线工作岗位培养符合要求的应用型人才。

"焊接设备操作与维护"是焊接技术及自动化等专业学生的一门必修课,也是理论性和实践性较强的一门专业课程。通过本课程的学习,学生应掌握各种弧焊电源的基本知识,并能根据不同弧焊工艺正确地选择、使用弧焊电源,具备操作电弧焊设备的基本技能,具备爱岗敬业、团结协作和注重安全生产的基本素质。

本书融合编者对焊接设备操作与维护的体会及多年讲授本课程的经验,结合人力资源和社会保障部制定的《焊工国家职业技能标准(2009年修订)》,在考虑中职学生认知特点的基础上,有针对性地介绍普通焊接设备操作与维护的相关知识和技能。

本书体现工学结合的职业教育人才培养理念,强调"实用为主,必需和够用为度"的原则,采用项目-任务式的编写体例,在内容选取上注重针对性与适应性相结合,以实现课程目标为依据,以提高学生设备操作与维护能力为核心,以应用型项目开发为主线,以工作任务(学习任务)为载体,设计综合性的学习任务。本书包含焊接电源的结构及使用、焊接设备的使用与维护两个项目,并细分了8个相互独立的任务,每个任务均包含一个完整的工作过程,各任务之间既有相对的独立性,又具备知识的连续性。

本书具有以下特色:

(1)任务驱动。全书将焊接设备操作与维护的具体内容分为焊接电源的结构与使用、焊接设备的使用与维护两个项目,书中尽可能采用学生易于接受的图表形式,逐步递进地介绍焊接电源的结构与使用、焊接设备的使用与维护等知识与技能,从真实、具体的实际应用需求出发,将知识点融入实际工作任务中,注重培养学生解决实际问题的能力。

(2)双证融通。根据维修电工职业技能标准的要求,将教学内容与实际职业岗位的要求相结合,保持教学情境和生产现场的内在一致性,落实"学中做,做中学"的教学模式,促进学生"练、学、行、思"相结合,培养具有必需的岗位基本技能、基本理论和价值观念的高技能型人才。学历证书与职业资格证书对接,实现学历教育与职业资格培养的融通,即"一教双证"。

通过对本书的学习,要求学生做到:

(1)会安装。能够拆装各种焊接设备,从内部结构上了解焊接设备的组成及作用,从而掌握设备的安装及工作过程。

(2)懂操作。能够正确调节焊接参数并启动焊接设备,焊接过程中可以监控焊接设备的运行,并能充分利用焊接设备中的使用功能。

(3)能维护。通过各典型工作任务的训练,能够对焊接设备进行日常维护,并对常见故障进行有效的查找及排除。

(4)讲安全。焊接设备的操作安全是学生职业能力的重要体现,在实践教学中要严格遵守安全操作规程。

编者在编写本书的过程中,参考了部分相关文献资料,在此向相关文献作者表示衷心的感谢。

由于编者水平有限,书中疏漏和不足之处在所难免,敬请读者批评指正。

目录

课程导入 ·· 1
    0.1 常用焊接设备介绍 ·· 1
    0.2 弧焊电源的认识 ·· 7

项目 1 焊接电源的结构与使用 ·· 17
    任务 1.1 交流弧焊电源的结构与使用 ·· 17
    任务 1.2 弧焊整流器电源的结构与使用 ·· 30
    任务 1.3 逆变控制弧焊电源的结构与使用 ······································· 41
    任务 1.4 脉冲弧焊电源的结构与使用 ·· 60
    任务 1.5 弧焊电源的选择与使用 ·· 83

项目 2 焊接设备的使用与维护 ·· 101
    任务 2.1 埋弧焊机的使用与维护 ·· 101
    任务 2.2 CO_2 气体保护焊设备的使用与维护 ································ 118
    任务 2.3 氩弧焊设备的使用与维护 ··· 131

参考文献 ·· 146

课程导入

0.1 常用焊接设备介绍

0.1.1 手弧焊及典型设备

用手工操作焊条进行焊接的电弧焊方法称为手弧焊,如图 0-1-1 所示。它是利用焊条和焊件之间产生的电弧将焊条和焊件局部加热到熔化状态,焊条端部熔化后的熔滴和熔化的线母材融合在一起形成熔池,随着电弧向前移动,熔池液态金属逐步冷却结晶,形成焊缝的一种焊接方法。手弧焊适用于碳钢、低合金钢、不锈钢、铜及铜合金等金属材料的焊接。

图 0-1-1 手弧焊实际操作

其优点是设备简单、方法简便灵活、适应性强,适用于大部分金属材料的焊接。其缺点是生产效率较低,特别是在焊接厚板或多层焊时,焊接质量不够稳定;可焊最小厚度为 1.0mm,一般易掌握的最小焊接厚度为 1.5mm;对焊工的操作技术要求高,焊接质量在一定程度上取决于焊工的操作技术;对于活泼金属(Ti、Nb、Zr 等)和难熔金属(如 Mo),由于其保护效果较差,焊接质量达不到要求,不能采用手弧焊。另外,对于低熔点金属(如 Pb、Sn、Zn)及其合金,由于电弧温度太高,也不可采用手弧焊。

手弧焊的主要设备是电焊机。手弧焊时所用的电焊机实际上是一种弧焊电源。按产生电流种类的不同,电焊机可分为直流电焊机和交流电焊机,如图 0-1-2 所示。

(a) 直流电焊机

(b) 交流电焊机

图 0-1-2　电焊机

0.1.2　埋弧焊及典型设备

埋弧焊又称焊剂层下自动电弧焊,是一种生产效率及自动化和机械化程度较高的、电弧在焊剂下燃烧以进行焊接的熔焊方法,如图 0-1-3 所示。埋弧焊的典型设备为埋弧焊机,如图 0-1-4 所示。按照机械化程度的不同,埋弧焊机可分为自动埋弧焊机和半自动埋弧焊机两种。

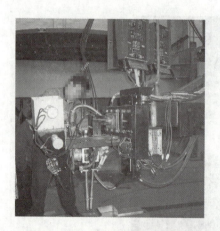
图 0-1-3　埋弧焊实际操作

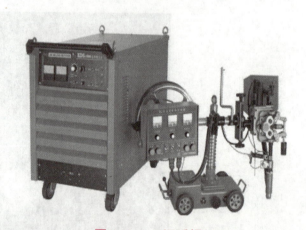
图 0-1-4　埋弧焊机

埋弧焊已有 70 多年的历史,至今仍是现代焊接生产中生产效率高、应用广泛的熔焊方法之一。埋弧焊具有生产效率高、焊缝质量好、熔深大、机械化程度高等特点,在造船、锅炉与压力容器、桥梁、超重机械、核电站结构、海洋结构、武器等制造部门有着广泛的应用。埋弧焊除用于金属结构中构件的连接外,还可在基体金属表面堆焊耐磨或耐腐蚀的合金层。随着焊接冶金技术与焊接材料生产技术的发展,埋弧焊能焊的材料已从碳素结构钢发展到低合金结构钢、不锈钢、耐热钢,以及某些非铁合金,如镍基合金、钛合金、铜合金等。

埋弧焊具有机械保护作用好、冶金反应充分、焊缝化学成分稳定、使用的焊接电流大、焊缝厚度深、可减小焊件的坡口、焊接速度快、焊接质量与对焊工技艺水平的要求比手弧焊低、没有弧光辐射、劳动条件较好等优点，但埋弧焊具有只能适用于平焊位置，容易焊偏，薄板焊接难度较大，焊缝的组织易粗大等缺点。

0.1.3 电阻焊及典型设备

电阻焊是将被焊工件压紧于两电极之间，并施以电流，利用电流流经工件接触面及邻近区域产生的电阻热效应将其加热到熔化或塑性状态，使之形成金属结合的一种方法，如图0-1-5所示。电阻焊已广泛应用于航空、航天、能源、电子、汽车、轻工等各工业部门，是重要的焊接工艺之一。电阻焊可对碳素钢，合金钢，铝、铜及其合金等进行焊接，焊接结构多为轻型接头。电阻焊方法主要有3种，即点焊、缝焊、对焊。电阻焊的典型设备为固定式通用点焊机，如图0-1-6所示。

图0-1-5 电阻焊实际操作

图0-1-6 固定式通用点焊机

电阻焊的优点：熔核形成时，始终被塑性环包围，熔化金属与空气隔绝，冶金过程简单；加热时间短，热量集中，故热影响区小，变形与应力也小，通常在焊后不必安排校正和热处理工序；不需要焊丝、焊条等填充金属，以及氧、乙炔、氢等焊接材料，焊接成本低；操作简单，易于实现机械化和自动化，改善了劳动条件；生产效率高，且无噪声及有害气体，在大批量生产中可以和其他制造工序一起编到组装线上。

电阻焊的缺点：目前仍缺乏可靠的无损检测方法，焊接质量只能靠工艺试样和工件的破坏性试验来检查，以及各种监控技术来保证；点焊、缝焊的搭接接头不仅增加了构件的质量，还因在两板焊接熔核周围形成夹角，致使接头的抗拉强度和疲劳强度均较低；设备功率大，机械化、自动化程度较高，使设备成本较高、维修较困难，并且常用的大功率单相交流焊机不利于电网的平衡运行。

0.1.4 钨极氩弧焊及典型设备

TIG 焊的特点及应用

钨极氩弧焊，又称 TIG 焊，是气体保护焊中的一种方法，如图 0-1-7 所示。这种方法以燃烧于非熔化极与工件之间的电弧作为热源来进行焊接。钨极氩弧焊可焊接易氧化的非铁合金、不锈钢、高温合金、钛及钛合金等。钨极氩弧焊能够焊接各种接头形式的焊缝，焊缝优良、美观、平滑、均匀，特别适用于薄板焊接；焊接时几乎不发生飞溅或烟尘，容易观察和操作；被焊工件可开坡口或不开坡口；焊接时可填充焊丝或不填充焊丝。采用钨极氩弧焊，电弧稳定、热量集中、合金元素烧损小、焊缝质量高、可靠性高，可以焊接重要构件，如用于核电站及航空、航天工业，是一种高效、优质、经济节能的工艺方法。但钨极氩弧焊焊缝容易受风或外界气流的影响，生产效率低、生产成本较高。根据电流的不同，钨极氩弧焊可分为直流钨极氩弧焊、直流脉冲钨极氩弧焊和交流钨极氩弧焊，它们具有各自的工艺特点，适用于不同的场合。钨极氩弧焊的典型设备为钨极氩弧焊机，如图 0-1-8 所示。

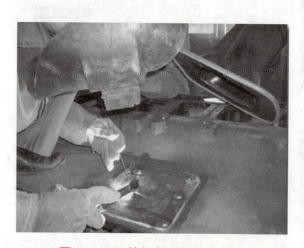

图 0-1-7 钨极氩弧焊实际操作

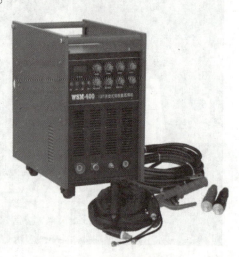

图 0-1-8 钨极氩弧焊机

0.1.5 等离子弧焊、切割及典型设备

等离子弧焊是使用惰性气体作为保护气和工作气，利用等离子弧作为热源加热并熔化母材金属，使之形成焊接接头的熔焊方法，如图 0-1-9 所示。等离子弧焊可用于焊接碳钢、合金钢、耐热钢、不锈钢、铜及铜合金、钛及钛合金、镍及镍合金、铝及铝合金、镁及镁合金、铍青铜、铝青铜等材料。等离子弧焊与钨极氩弧焊十分相似，与钨极氩弧焊相比，其有很多优点，如电弧能量集中，焊缝深度比大、截面积小；焊接速度快，薄板焊接变形小，焊厚板时热影响区窄；电弧挺度好，稳定性好；由于钨极内缩在喷嘴之内，不可能与焊

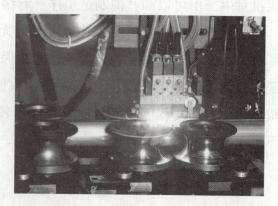

图 0-1-9 等离子弧焊实际操作

件接触，其不会产生焊缝夹钨问题。但是，等离子弧焊需要两股气流，因而使过程的控制和焊枪（又称焊炬）的构造复杂，只结合在室内焊接；同时，由于其电弧直径小，要求焊枪喷嘴轴线更准确地对准焊缝。等离子弧焊机如图 0-1-10 所示。

等离子弧切割是一种常用的金属和非金属材料切割工艺。它利用高速、高温和高能的等离子气流来加热和熔化被切割材料，并借助内部或外部的高速气流或水流将熔化材料排开，直至等离子气流束穿透背面而形成割口，如图 0-1-11 所示。

图 0-1-10　等离子弧焊机

图 0-1-11　等离子切割实际操作

等离子切割配合不同的工作气体可以切割各种氧气切割难以切割的金属，尤其是对于非铁合金（不锈钢、铝、铜、钛、镍），切割效果更佳；其主要优点在于切割厚度不大的金属时，等离子切割速度快，尤其在切割普通碳素钢薄板时，速度可达氧切割法的 5~6 倍，且切割面光洁、热变形小、几乎没有热影响区，广泛运用于汽车、机车、化工机械、核工业、通用机械、工程机械等行业。等离子弧切割机如图 0-1-12 所示。

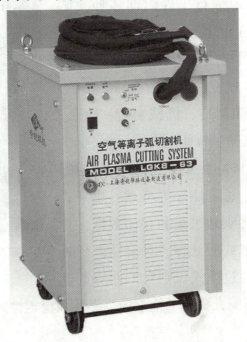

图 0-1-12　等离子弧切割机

0.1.6 超声波探伤及典型设备

超声波探伤是利用超声能透入金属材料的深处,并由一截面进入另一截面时在界面边缘发生反射的特点来检查零件缺陷的一种方法。超声波束自零件表面由探头通至金属内部,当遇到缺陷与零件底面时分别发生反射波,在荧光屏上形成脉冲波形,根据这些脉冲波形可以判断缺陷位置和大小,如图0-1-13所示。

图0-1-13 超声波探伤仪实际操作

超声波在介质中传播时有多种波形,检验中常用的为纵波、横波、表面波和板波。用纵波可探测金属铸锭、坯料、中厚板、大型锻件和形状比较简单的制件中所存在的夹杂物、裂缝、缩管、白点、分层等缺陷;用横波可探测管材中的周向和轴向裂缝、划伤、焊缝中的气孔、夹渣、裂缝、未焊透等缺陷;用表面波可探测形状简单的制件上的表面缺陷;用板波可探测薄板中的缺陷。

超声探伤检测的主要设备是超声波探伤仪,它能够快速、便捷、无损伤、精确地进行工件内部多种缺陷(裂纹、疏松、气孔、夹杂等)的检测、定位、评估和诊断,既可以用于实验室,又可以用于工程现场,广泛应用在锅炉、压力容器、航天、航空、电力、石油、化工、海洋石油、管道、军工、船舶制造、机械制造、冶金、金属加工业、钢结构、铁路交通、核能电力等行业。

超声波探伤仪(图0-1-14)具有检测速度快、检测精度高、效率高、可靠性高、稳定性好等特点。数字式超声波探伤仪不仅可全面、客观地采集和存储数据,并对采集到的数据进行实时处理或后处理,对信号进行时域、频域或图像分析,还可通过模式识别对工件质量进行分级,减少了人为因素的影响,提高了检索的可靠性和稳定性。

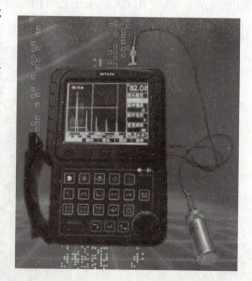

图0-1-14 超声波探伤仪

0.1.7 磁粉探伤及典型设备

磁粉探伤是利用钢铁等磁性材料的缺陷部位能吸附的特征，依磁粉分布显示被探测物件和近表面缺陷的方法。该探伤方法的特点是简便、显示直观。

在工业中，磁粉探伤可用于最后的成品检验，以保证工件在经过各道加工工序后，在表面上不产生有害的缺陷。它也能用于半成品和原材料（如棒材、钢坯、锻件、铸件等）的检验，以发现原来就存在的表面缺陷，如图 0-1-15 所示。铁道、航空等运输部门，冶炼、化工、动力和各种机械制造厂等，在设备定期检修时对重要的钢制零部件也常采用磁粉探伤，以发现使用中产生的疲劳裂纹等缺陷，防止设备在继续使用时发生灾害性事故。

磁粉探伤的优点：对钢铁材料或工件表面裂纹等缺陷的检验非常有效；设备和操作均较简单；检验速度快，便于在现场对大型设备和工件进行探伤；检验费用也较低。其缺点如下：仅适用于铁磁性材料；仅能显出缺陷的长度和形状，难以确定其深度；对剩磁有影响的一些工件，经磁粉探伤后还需要退磁和清洗。

磁粉探伤检测的主要设备是磁粉探伤仪，如图 0-1-16 所示。该设备适用于湿磁粉法检测曲轴、凸轮轴、花键轴等各种中小型零件的表面及近表面因铸造、淬火、加工、疲劳等引起的裂纹及细微缺陷，是单件检测、小批抽检、大批量检测的首选机型。它的主要特点是操作简便，工作效率高，采用工业 PLC 控制；既可手动单步操作，又可自动循环工作，周向、纵向电流分别可调，具有断电相位控制功能，可分别进行周向、纵向、复合磁化；工件可以转动，检测时机器可按工艺要求设定的程序自动完成除上下料及观察外（如夹紧、喷液、磁化、退磁、转动等等）的自动化工作。

图 0-1-15 磁粉探伤仪实际操作

图 0-1-16 磁粉探伤仪

0.2 弧焊电源的认识

弧焊电源是电弧焊机的核心部分，是一种为焊接电弧提供电能的专用设备。弧焊电源的工作原理与普通电源的工作原理基本相同，但是其在特性和结构上与普通电源有着明显的区别，这是由焊接工艺的特点决定的。为使焊接电弧能够在要求的焊接电流下稳定燃烧，弧焊电源要达到一定的性能要求。

分别用380V交流电源及BX3300型焊机对相同钢板进行平敷焊，通过观察可以发现，用BX3300型焊机能够进行正常的焊接操作，而直接用380V交流电源无法进行正常的焊接操作，从而引出结论：弧焊电源必须满足一定的要求，电弧才能稳定燃烧。

电弧焊之所以能在焊接领域占据主要地位，一个主要的原因就是电弧能有效地将电能转化为焊接过程所需要的热能，电弧焊就是利用电弧放电时产生的热能来熔化填充金属和母材的。因此，焊接时电弧的稳定性及热特性等性质对焊接质量有直接影响。

0.2.1 焊接电弧概述

1. 焊接电弧的概念

焊接电弧是一种气体放电现象，它与日常所见的气体放电现象的不同之处在于，焊接电弧不但能量大，而且持续稳定。因此，将由弧焊电源供给的、在具有一定电压的两电极间或电极与焊件间的气体介质中产生的强烈而持久的放电现象称为焊接电弧，如图0-2-1所示。

一般情况下，气体的分子和原子是呈中性的，气体中没有带电粒子（电子、正离子），因此，气体不能导电，电弧也不能自发地产生。要使电弧产生并维持稳定燃烧，两电极（或电极与母材）之间的气体中必须有导

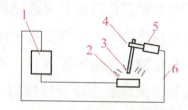

图 0-2-1 焊接电弧示意图

1—焊接电源；2—焊件；3—电弧；
4—焊条；5—焊钳；6—焊接电缆

电的带电粒子，而获得带电粒子的方法就是气体电离和阴极电子发射。所以，气体电离和阴极电子发射是焊接电弧产生并维持稳定燃烧的两个必要条件。

（1）气体电离

自然界的绝大部分物质是由原子组成的。原子本身又由带正电荷的原子核及带负电荷的电子组成，其中，电子按照一定的轨道环绕原子核运动。在常态下，原子核所带的正电荷与核外电子所带的负电荷相等，这时原子呈中性。如果气体受到电场或热能的作用，就会使气体原子中的电子获得足够的能量克服原子核对它的引力而成为自由电子。同时，中性的原子由于失去带负电荷的电子而变成带正电荷的正离子。这种使中性的气体分子或原子释放电子形成正离子的过程称为气体电离。

要使电子克服原子核对它的引力，需要供给电子足够的能量。供给气体电离的能量有以下两种方式：

1）电离电位。用于使电子与原子核分离的能，称为电离的功，又称电离电位或电离势，单位为eV。

2）激励电位。为了使电子转移到距原子核更远的轨道，应使电子具有一定的速度。用于

使电子具有这种速度的能,称为激励电位,单位为eV。

电离电位与激励电位的大小取决于各种元素原子的性质。电离现象不仅发生于气体元素中,还容易发生在金属元素中。表0-2-1所列是各种元素的电离电位、激励电位和电子逸出功。

表0-2-1　各种元素的电离电位、激励电位和电子逸出功　　　　　（单位：eV）

项目	元素													
	K	Na	Ca	Ti	Mn	Mg	Fe	W	H	O	N	Ar	F	He
电离电位	4.33	5.11	6.10	6.80	7.40	7.61	7.83	8.0	13.5	13.6	14.5	15.7	16.9	24.5
激励电位	1.60	2.10	1.90	3.30	3.10	—	4.79	—	10.2	7.90	6.30	11.6	14.5	19.7
电子逸出功	2.26	2.33	2.90	3.92	3.76	3.78	4.18	4.54	—	—	—	—	—	—

电弧焊时,造成气体电离的方式主要有电场作用下的电离、热电离和光电离等。

1) 电场作用下的电离。电场作用下的电离实质上就是带电粒子与中性原子相互碰撞而发生电离的过程。带电粒子在电场作用下,做定向高速运动产生较大的动能,当它们撞击中性原子时,即将部分能量传递给中性原子,如果撞击的能量大于原子核与电子间的引力,则使该原子发生电离。带电粒子不断与中性原子碰撞,中性原子不断电离成电子和阳离子。被电离气体原子的电离电位越低,阴极电子发射越强烈,电离的作用越剧烈。当电弧长度不变时,两电极间的电压越高,电场力作用越大,电离作用越大,电弧燃烧越稳定。

2) 热电离。在高温下,由于气体原子受热而产生的电离称为热电离。其实质是由原子间的热碰撞而产生的一种电离。气体原子的运动速度与温度有关,气体温度越高,原子运动速度越快,动能越大,热电离作用也就越强烈。在某一温度下,气体原子的质量越小,其运动速度越快。由于气体原子的热运动是无规则运动,原子间会发生频繁碰撞,当原子的运动速度足够大时,原子间的碰撞会引起气体原子电离或激励。焊接电弧中心的温度在6 000K以上,在该部分极易发生热电离。

3) 光电离。中性原子受光辐射的作用而产生的电离称为光电离。

(2) 阴极电子发射

阴极表面的原子或分子吸收外界的某种能量而发射出自由电子的现象称为阴极电子发射。一般情况下,电子是不能自由离开金属表面向外发射的。要使电子逸出金属表面产生电子发射,就必须给电子一定的能量,使它足以克服电极金属内部正电荷对它的静电引力,并且所加的能量越大,促使阴极产生电子发射的作用就越强烈。电子从阴极金属表面逸出所需要的能量称为逸出功,电子逸出功的大小与阴极的成分有关。不同金属的电子逸出功是不一样的(见表0-2-1)。若所加的能量相同,则电子逸出功越小的金属,其阴极电子发射程度越大。电极中或电极表面含有稀土金属、碱金属或碱土金属元素的物质时,可以增强阴极的电子发射作用。例如,焊条涂药中含有较多的钾、钠、钙等化合物,有利于阴极电子发射,从而使电弧燃烧稳定。

焊接时，根据阴极所吸收能量的不同，产生的阴极电子发射可分为热发射、电场发射和撞击发射等。阴极发射电子后，又从弧焊电源获得新的电子。

1）热发射。焊接时，电极金属表面因受热能作用而产生的电子发射现象称为热发射。电弧焊时，阴极表面的温度很高，阴极中的电子运动速度很快，当电子的动能大于电极内部正电荷对它的静电引力时，电子就会冲出阴极表面而产生热发射。电极加热温度越高，从其表面逸出的电子数量越多，电子发射的能量也就越强，从而促使电弧空间气体的碰撞电离更加剧烈，这样就越有利于电弧的稳定燃烧。

2）电场发射。当电极金属表面存在一定强度的正电场时，金属内的电子受此电场的作用从金属表面发射出来，这种现象称为电场发射。增大电场强度、增大两电极的电压或减小两电极间距离都能产生电场发射。

3）撞击发射。高速运动的阳离子撞击金属表面时，将能量传递给金属表面的电子，使其能量增加进而逸出金属表面，这种现象称为撞击发射。电场强度越大，在电场的作用下正离子的运动速度越快，产生的撞击发射作用越强烈。

在电弧焊时，以上几种电子发射作用常常同时存在，相互促进。但在不同的条件下，它们所起的作用存在差异。例如，在引弧过程中，热发射和电场发射起着主要作用；电弧正常燃烧时，如果采用熔点较高的材料（钨或碳等）作为阴极，则热发射作用较显著；如果用铜或铝等作为阴极，则撞击发射和电场发射会成为主要因素；如果采用钢作为阴极，则热发射、撞击发射和电场发射均会对焊接有一定的影响。

2. 焊接电弧的引燃过程

我们把引起两电极间气体发生电离及阴极电子发射，从而引起电弧燃烧的过程称为电弧的引燃过程。电弧的引燃（简称引弧）可以采用如下两种方法。

焊条电弧焊基础知识

（1）非接触引弧

非接触弧弧：将两电极互相靠近至 1~2mm，这时如果在两电极间加有很高的电压（1 000V 以上），那么在强电场的作用下，阴极上的电子可以克服内部正电荷对它的静电引力而逸出阴极表面，产生电场发射，在空气中放电而形成电弧。这种引弧方法主要应用于钨极氩弧焊和等离子弧焊。

（2）接触引弧

接触引弧：先将两电极互相接触，然后迅速拉开至 3~4mm 的距离来引燃电弧。这种引弧方法主要应用于焊条电弧焊、埋弧焊和熔化极气体保护焊。

焊条电弧焊时，当焊条末端与焊件接触时，它们的表面都不是绝对平整的，只是在少数凸出点上接触，接触部分通过的短路电流密度非常大，而接触面积又很小，这时会产生大量电阻热，使电极金属表面发热、熔化，甚至蒸发、汽化，引起相当强烈的热发射和热电离。随后在拉开电极的瞬间，电场作用的迅速增强，又促使产生电场发射。同时，已经形成的带电粒子在电场的作用下加速运动，并在高温条件下相互碰撞，出现了电场作用下的电离和撞击发射。这样，带电粒子的数量猛增，大量电子通过空气流向阳极，电弧便引燃了。电弧引燃后，在不同的焊接电源条件下，电离和中和处于不同的动平衡状态，弧焊电源不断地供给电能，新的带电粒子不断得到补充，维持了电弧的稳定燃烧。另外，焊接电弧能否顺利引燃，还与弧焊电源的特性、电弧特性、焊接电流的大小和种类、焊条药皮的成分及电弧长度等因素有关。

0.2.2 焊接电弧对弧焊电源外特性的要求

焊接电弧焊基本操作

电弧稳定燃烧是保证获得优质焊接接头的主要因素之一，而决定电弧稳定燃烧的首要因素是弧焊电源。因此，对弧焊电源有以下几个基本要求。

1. 对弧焊电源外特性的要求

在电弧稳定燃烧状态下，弧焊电源输出电压与输出电流之间的关系称为弧焊电源的外特性。用来表示这一关系的曲线称为弧焊电源的外特性曲线，如图 0-2-2 所示。弧焊电源的外特性基本上分为下降外特性、平特性和上升外特性 3 种类型。对于手弧焊来说，必须有下降的外特性。如果将弧焊电源的静特性曲线与弧焊电源下降外特性曲线按同一比例绘制在直角坐标系上，可得到两个交点 A 与 B（见图 0-2-3）。在这两个交点上，它们各自对应的输入电压与输出电压、电弧电压及输出电流、焊接电流都相等，即电源供给的电压、电流与电弧形成的电压、电流相等，说明在这两个交点上可以形成电弧。但是，能否在这两点上长时间保证电弧稳定燃烧，则需要做进一步讨论。下面将对这个问题进行分析。

设电弧在点 A 燃烧，当焊接电路受到外界因素的干扰时，焊接电流突然降至 I_1，电源输出的电压 $U_{输1}$ 小于电弧所需要的电压 U_1，这样电路就会失去平衡，电流会进一步减小，直至电弧熄灭；如果焊接电流突然增大至 I_2，对应的电源输出电压 $U_{输2}$ 大于电弧所需要的电压 U_2，将使焊接电流进一步增大，直至点 B。由此可见，在点 A 处电弧不能稳定燃烧。

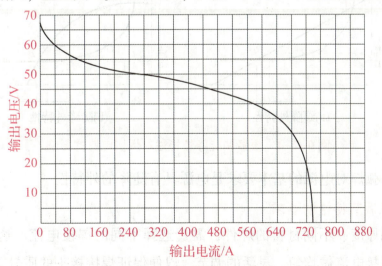

图 0-2-2 弧焊电源的外特性曲线

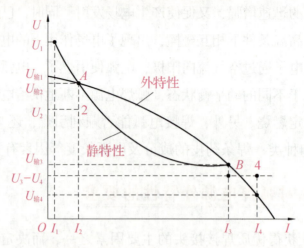

图 0-2-3　弧焊电源下降外特性与焊接电弧稳定燃烧的关系

再看点 B 处，当电弧燃烧时，如果受到外界因素的干扰，使焊接电流降至 I_3，此时电源输出电压 $U_{输3}$ 大于电弧所要求的电压 U_3，促使焊接电流增加，直至恢复到点 B，电弧恢复至正常的工作位置。如果焊接电流增至 I_4，这时对应的输出电压 $U_{输4}$ 小于电弧所需要的电压 U_4，焊接电流减小，又恢复到点 B 处。

由此可见，弧焊电源的下降外特性曲线与静特性曲线的交点 B 是电弧的稳定燃烧点。

综上所述，有下降外特性的弧焊电源能够保证焊接电弧稳定燃烧。

下降外特性有缓降的，也有陡降的，哪一种更利于电弧的稳定燃烧呢？图 0-2-4 所示为上述两种下降外特性对焊接电流的影响。当焊接电流从稳定值偏离同样的数值 ΔI 时，电源输出的端电压和电弧电压之间的差额分别为 ΔU_1 和 ΔU_2，由于图 0-2-4 中两个坐标的比例相同，故 $\Delta U_2 > \Delta U_1$，即陡降外特性比缓降外特性引起的电压差要大。电压差额 ΔU 越大，电流恢复到稳定值的速度越快，可见，具有陡降外特性的电源在遇到干扰时，焊接电流恢复到稳定值的时间较具有缓降外特性的电源短，这有利于提高电弧的稳定性，保证焊接质量。

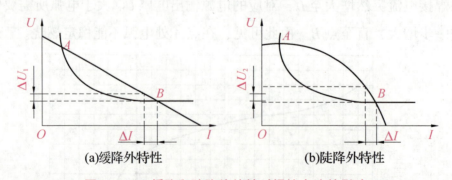

图 0-2-4　缓降和陡降外特性对焊接电流的影响

综上所述，手弧焊对电源的基本要求是电源具有陡降的外特性。

2. 对弧焊电源调节特性的要求

为了焊接不同厚度、不同材料的焊件，需要选择不同的焊接电流。这就要求弧焊电源能在一定范围内对焊接电流做均匀、灵活的调节，以便保证焊接接头的质量。

我们知道，弧焊电源外特性曲线与静特性曲线的交点是电弧稳定燃烧点。因此，为了获得一定范围所需的焊接电流,弧焊电源必须具有可以均匀改变的外特性曲线组,以便与静特性曲线相交,得到一系列的稳定工作点,从而获得对应的焊接电流,这就是弧焊电源的调节特性,如图0-2-5所示,焊条电弧焊的焊接电流变化范围一般是100~400A。

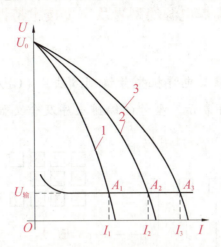

图0-2-5 焊条电弧焊焊接电源的调节特性

3. 对弧焊电源空载电压的要求

当焊机接通电网而输出端没有接负载时,焊接电流为零,此时输出端的电压称为空载电压。空载电压的确定,应遵循以下4项原则。

1) 保证引弧容易。空载电压越高,引弧越容易。

2) 保证电弧的稳定燃烧。为保证交流电弧的稳定燃烧,要求较高的空载电压。

3) 要有良好的经济性。当弧焊电源的额定电流一定时,空载电压越大,额定容量越大,所需的铁铜材料越多,质量也就越大,同时会增加能量的消耗,降低弧焊电源的效率。

4) 保证人身安全。为确保焊工的安全,空载电压以低些为宜。

因此,在确保引弧容易、电弧稳定燃烧的前提下,应尽量降低空载电压,一般不大于100V。目前,手弧焊电源中弧焊变压器的空载电压一般在80V以下,弧焊整流器的空载电压一般在90V以下,弧焊发电机的空载电压一般在100V以下。

4. 对弧焊电源动特性的要求

焊接过程中,焊条与焊件之间发生频繁的短路和重新引弧,如果焊机输出电流和电压不能适应电弧焊过程中的这些变化,电弧就不能稳定燃烧,很难得到良好的焊缝质量。弧焊电源的动特性是指弧焊电源适应焊接电弧变化的可靠性。动特性良好时,引弧容易,飞溅小,操作时会感到电弧柔和,富有弹性。因此,动特性是衡量弧焊电源质量的一个主要指标。

对弧焊电源动特性的具体要求:有合适的瞬时短路电流峰值;有较快的短路电流上升速度;能在极短的时间内完成从短路到复燃。

知识拓展

弧焊电源的型号及主要技术特性

1. 弧焊电源的型号

我国焊机型号按照国家标准《电焊机型号编制方法》（GB/T 10249—2010）的规定编写，采用汉语拼音字母和阿拉伯数字表示。型号的编排次序及含义如图0-2-6所示。

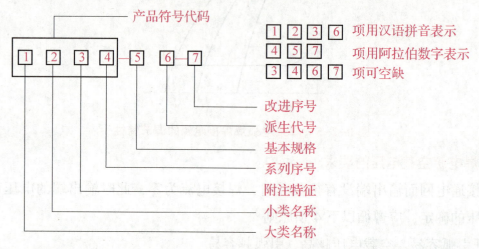

图 0-2-6　型号的编排次序及含义

部分产品符号代码的含义见表0-2-2。

表 0-2-2　部分产品符号代码的含义

第1项		第2项		第3项		第4项	
代表字母	大类名称	代表字母	小类名称	代表字母	附注特征	代表字母	系列序号
B	交流弧焊机（弧焊变压器）	X P	下降特性 平特性	L	高空载电压	1 2 3 4 5 6	磁放大器或饱和电抗器式 动铁芯式 串联电抗器式 动圈式 晶闸管式 变换抽头式
A	机械驱动的弧焊（弧焊发电机）	X P D	下降特性 平特性 多特性	省略 D Q C T H	电动机驱动 单纯弧焊发电机 汽油机驱动 柴油机驱动 拖拉机驱动 汽车驱动	省略 1 2	直流 交流发电机整流 交流

续表

第1项		第2项		第3项		第4项	
代表字母	大类名称	代表字母	小类名称	代表字母	附注特征	代表字母	系列序号
Z	直流弧焊机（弧焊整流器）	X P D	下降特性 平特性 多特性	省略 M L E	一般电源 脉冲电源 高空载电压 交直流两用电源	1 2 3 4 5 6 7	磁放大器或饱和电抗器式 动铁芯式 动圈式 晶体管式 晶闸管式 变换抽头式 逆变式

例如，BX3-300型为产品系列序号为3，具有下降特性的交流弧焊变压器，额定焊接电流为300A；ZXG-500为硅弧焊整流器，具有下降特性，额定焊接电流为500A。

2. 弧焊电源的主要技术特性

（1）额定值

额定值是对电源规定的使用限额，如额定电压、额定电流、额定功率等。按额定值使用设备是最经济合理、安全可靠的，既充分利用了设备，又保证了设备的正常使用寿命。设备在超过额定值的条件下工作称为过载，严重过载会使设备损坏。反之，在低于额定值工作时，虽然安全，但设备没有得到充分利用。因此，工作中应根据实际情况，合理地选用不同额定值的焊机。

（2）负载持续率

焊机负载的时间占选定工作时间的百分比称为负载持续率。对于一台弧焊电源来说，随着焊接时间的增多、间隙时间的减少，负载持续率会不断升高，此时弧焊电源更容易发热、升温，甚至烧毁。因此，焊工必须按规定的负载持续率使用焊机。

（3）许用焊接电流

使用弧焊电源时，焊接电流不能超过铭牌上规定的负载持续率下允许使用的焊接电流，否则会因温升过高而烧毁焊机。为保证焊机温升不超过允许值，应根据弧焊电源的工作状态确定焊接电流的大小。例如，BX3-300型焊机在负载持续率为60%时，许用焊接电流为300A；在负载持续率为100%时，许用焊接电流为232A；在负载持续率为35%时，许用焊接电流可达400A。也就是说，虽然BX3-300型焊机的额定电流只有300A，但最大电流可超过300A。

思考与练习

一、判断题

1. 空载电压高则引弧容易，因此弧焊电源的空载电压越高越好。（ ）
2. 弧焊电源空载时，因为输出端没有电流，所以不消耗电能。（ ）
3. 弧焊变压器的最高空载电压比弧焊整流器高。（ ）
4. 一台焊机只有一条外特性曲线。（ ）
5. 一台焊机具有无数条外特性曲线。（ ）
6. 动特性用来表示弧焊电源对负载瞬变的快速反应能力。（ ）
7. 弧焊电源输出端电压与输出电流之间的关系称为弧焊电源的外特性。（ ）
8. 弧焊变压器类及弧焊整流器类电源均以额定电流表示其基本规格。（ ）
9. 额定电流是指该电源工作允许使用的最大焊接电流。（ ）
10. 型号BX3-400中的"400"表示使用该焊机时选择的焊接电流不能超过400A。（ ）
11. 空载电压是弧焊电源本身所具有的一个电特性，和焊接电弧的稳定燃烧没有关系。（ ）
12. 电源外特性曲线和静特性曲线的两个交点都是电弧的稳定燃烧点。（ ）

二、单项选择题

1. 表示弧焊变压器的代号为(　　)。
   A. A　　　　B. B　　　　C. Z　　　　D. G
2. 表示弧焊整流器的代号为(　　)。
   A. A　　　　B. B　　　　C. Z　　　　D. G
3. 表示弧焊电源为下降外特性的代号为(　　)。
   A. X　　　　B. P　　　　C. D　　　　D. G
4. 弧焊电源技术标准规定，焊条电弧焊电源的额定负载持续率为(　　)。
   A. 25%　　　B. 35%　　　C. 60%　　　D. 80%

三、多项选择题

1. 对弧焊电源的要求有(　　)。
   A. 适当的空载电压　　　B. 陡降的外特性　　　C. 合适的静特性
   D. 良好的动特性　　　　E. 良好的调节特性　　F. 合适的负载持续率
2. 按照弧焊电源大类进行分类，焊条电弧焊电源分为(　　)。
   A. 弧焊变压器电源　　　B. 动铁系列电源　　　C. 动圈系列电源
   D. 下降特性电源　　　　E. 弧焊整流器电源　　F. 弧焊发电机电源

项目 1

焊接电源的结构与使用

正确地选择弧焊电源,对获得良好的焊接质量及提高焊接生产率均有很大的作用。因此,必须了解常见的弧焊电源的分类及应用。本项目将分别介绍常见的弧焊电源结构与使用维护方法,以及如何正确地选择安装弧焊电源。

任务 1.1 交流弧焊电源的结构与使用

学习目标

1. 知识目标

熟悉弧焊变压器的结构与工作原理。

2. 技能目标

1)掌握弧焊变压器的应用。

2)掌握弧焊变压器的安装及使用方法。

3. 素养目标

1)具备爱岗敬业、团结协作和注重安全生产的基本素质。

2)拥有制订工作计划的能力,具备选择完成工作任务的策略、方法的能力,能够开展自主学习、合作学习,能够查找资料、标准和规程,并在工作中实际应用。

任务描述

图1-1-1所示为弧焊变压器实物图。通过本任务的学习,学生应熟悉弧焊变压器的结构,了解弧焊变压器的工作原理与应用,掌握弧焊变压器的安装及使用方法。

图 1-1-1 弧焊变压器实物图

任务分析

常用弧焊变压器的类型主要有同体式、动圈式和动铁式3种，它们的结构及工作原理不同，但都能保证焊接的正常进行。下面让我们一起来学习弧焊变压器的有关知识。

必备知识

1.1.1 弧焊变压器的工作原理及分类

弧焊变压器是一种特殊的变压器，其基本工作原理与一般电力变压器相同。但为了满足弧焊工艺的要求，它还具有以下特点：

1）为了保证交流电弧稳定燃烧，要有一定的空载电压和较大的电感。

2）弧焊变压器主要用于焊条电弧焊、埋弧焊和钨极氩弧焊，应具有下降的外特性。

3）弧焊变压器的内部感抗值应可调，用以进行焊接参数的调节。

1. 弧焊变压器的工作原理

弧焊变压器和一般电力变压器一样，具有变电压、变电流和变阻抗的功能。其主要特点是在焊接回路中增加阻抗，阻抗上的压降随焊接电流的增加而增加，以此获得下降的外特性。焊接回路具有足够数量的阻抗，不仅满足了交流电弧焊对焊接变压器的特殊要求，还能满足其对弧焊电源的基本要求。因此，常用的弧焊变压器电路中都有较大数值的阻抗。

2. 弧焊变压器的分类

根据获得下降的外特性的方法不同，可将弧焊变压器分成如下两大类。

（1）正常漏磁式弧焊变压器

正常漏磁式弧焊变压器是由一台正常漏磁式的变压器串联一个电抗器组成的，所以又称串联电抗器式弧焊变压器。根据电抗器与变压器配合方式的不同，正常漏磁式弧焊变压器又可分为以下3种类型：

1）分体式弧焊变压器。变压器与电抗器是相互分开的，两者之间没有磁的联系，仅有电的联系。BN 系列和 BN10 系列属于此类。

2）同体式弧焊变压器。变压器与电抗器组成一个整体，两者之间不仅有电的联系，还有磁的联系。BX、BX2 系列属于此类。

3）多站式弧焊变压器。其由一台三相平特性变压器并联多个电抗器组成。BP-3×500 型属于此类。

（2）增强漏磁式弧焊变压器

增强漏磁式弧焊变压器又可分为以下3种类型：

1）动圈式弧焊变压器。其一次绕组和二次绕组相互独立，且有一定的距离。改变一次绕组与二次绕组之间的距离，使漏抗发生变化，从而达到调节焊接参数的目的。BX3 系列属于此类。

2）动铁式弧焊变压器。其结构特点是在一次绕组与二次绕组之间加一个动铁芯作为磁分路，以增大漏磁，即加大漏抗。通过改变铁芯的位置可调节漏磁的大小，从而改变焊接参数。BXI 系列属于此类。

3）抽头式弧焊变压器。其特点是依靠一次绕组与二次绕组之间耦合不紧密来增大漏抗，通过变换抽头改变漏抗，从而调节焊接参数。BX6 系列属于此类。

1.1.2 同体式弧焊变压器

1. 结构特点

同体式弧焊变压器的结构如图 1-1-2 所示。由图 1-1-2 可知，其下部是变压器，上部是电抗器，变压器与电抗器共用一个磁轭。图 1-1-2 中将变压器一、二次绕组画成上下叠绕是为了便于分析，实际上是同轴缠绕，一次绕组在内层，二次绕组在外层，均匀分布在两个侧柱上，因此漏磁很少。与分体式弧焊变压器不同，同体式弧焊变压器将电抗器叠加于变压器之上共用中间磁轭，以达到省料的目的。一次绕组 W_1，两部分串联后接入电网，二次绕组 W_2 两部分串联后再与电抗器绕组串联向焊接电弧供电。电抗器铁芯留有空气隙 a，a 的大小可通过螺杆机构进行调节。

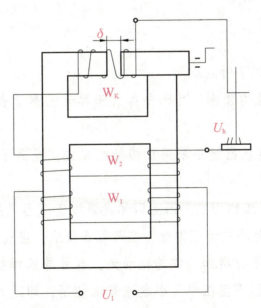

图 1-1-2　同体式弧焊变压器的结构

2. 工作原理

同体式弧焊变压器的变压器和电抗器之间不仅有电的联系，还有磁的联系。变压器的二次绕组 W_2 与电抗器绕组 W_K 串联，有电的联系；变压器和电抗器共用一个磁轭，使变压器的二次绕组 W_2 与电抗器绕组 W_K 磁通相互耦合，故二者还有磁的联系。下面从空载、负载和短路 3 种状态进行讨论。

(1) 空载

可以导出该弧焊变压器的空载电压为

$$U_0 = \frac{N_2}{N_1} U_1 \tag{1-1-1}$$

式中，U_0 为空载电压；N_1、N_2 分别为一次绕组、二次绕组的匝数；U_1 为输入电压。

(2) 负载

该弧焊变压器由一台漏磁式变压器串联一个电抗器组成，根据式（1-1-1）可以导出这种弧焊变压器的外特性方程为

$$U_h = \sqrt{U_0^2 - I_h^2 X_K^2} \tag{1-1-2}$$

式中，U_h 为电弧电压；U_0 为空载电压；I_h 为焊接电流；X_K 为总漏抗。

(3) 短路

短路时，电弧电压 $U_h = 0$，代入式（1-1-2），可得短路电流方程为

$$I_d = \frac{U_0}{X_K} \tag{1-1-3}$$

同体式弧焊变压器主要靠调节电抗器铁芯空气隙 δ 的大小来调节焊接电流。当 δ 减小时，X_K 增大，I_h 减小；反之，δ 增大，I_h 增大。

知识链接

同体式弧焊变压器具有以下特点：

1) 同体式弧焊变压器结构紧凑，可比分体式弧焊变压器节省 16% 的硅钢片及 10% 的铜导线。

2) 变压器二次绕组和电抗器绕组采用反接接线方式，提高了同体式弧焊变压器的效率，降低了电能的损耗。

3) 占地面积小，节省了工作面积。因为同体式弧焊变压器采用动铁芯式电抗器调节焊接电流，所以当焊接电流调节到小电流范围时，空气隙 δ 较小，空气隙的磁感应强度增大，电抗器动、静铁芯之间的电磁作用力增加，铁芯振动大，容易导致焊接电流波动和电弧不稳等现象。因此，同体式弧焊变压器不宜在中、小电流范围使用，即这类弧焊变压器适用于作为大容量的弧焊电源。

1.1.3 动圈式弧焊变压器

1. 结构特点

动圈式弧焊变压器的结构如图 1-1-3 所示。它的铁芯形状高而窄，在两侧的铁芯柱上套有一次绕组 W_1 和二次绕组 W_2，且一次绕组和二次绕组是分开缠绕的。一次绕组在下方固定不动；二次绕组在上方是活动的，摇动手柄可令其沿铁芯柱上下移动，以改变其与一次绕组

之间的距离 δ_{12}。由于铁芯窗口较高，δ_{12} 可调范围大。这种结构特点使一、二次绕组之间因磁耦合不紧密而有很强的漏磁，由此所产生的漏抗就足以得到下降的外特性，而不必附加电抗器。因漏抗与电抗的性质相同，故用变压器自身的漏抗代替电抗器的电抗。

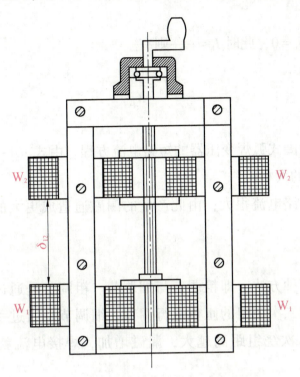

图 1-1-3　动圈式弧焊变压器的结构

2. 工作原理

（1）空载

根据变压器的原理可以导出该弧焊变压器的空载电压为

$$U_0 = \frac{N_2 \Phi_0}{N_1 \Phi_1} U_1 \tag{1-1-4}$$

式中，U_0 为空载电压；N_1、N_2 分别为一次绕组、二次绕组的匝数；Φ_1、Φ_0 分别为一次绕组产生的磁通和变压器的主磁通；U_1 为输入电压；Φ_0/Φ_1 为一次绕组和二次绕组之间的耦合系数，用 K_M 表示。所以有

$$U_0 = K_M \frac{N_2}{N_1} U_1 \tag{1-1-5}$$

由式（1-1-5）可知，动圈式弧焊变压器的空载电压 U_0 不仅取决于变压器二次绕组、一次绕组的匝数之比 N_2/N_1，而且与二次绕组、一次绕组之间的耦合系数 K_M 有关。

在空载时，由于二次绕组没有焊接电流流过，不存在二次侧漏磁通，无降压现象，故保持较高的空载电压，便于引弧。

（2）负载

动圈式弧焊变压器的外特性方程为

$$U_h = \sqrt{U_0^2 - I_h^2 X_L^2} \tag{1-1-6}$$

式中，U_h 为电弧电压；U_0 为空载电压；I_h 为焊接电流；X_L 为漏抗。

由式（1-1-6）可以看出，当漏抗 X_L 不变时，随着焊接电流 I_h 的增大，电弧电压 U_h 降低。显然，漏抗 X_L 越大，电弧电压降低越迅速，即外特性越陡降。

(3) 短路

短路时，电弧电压 $U_h=0$，此时 $I_h=I_d$，则有

$$I_d = \frac{U_0}{X_L} \tag{1-1-7}$$

式中，I_d 为短路电流。

式（1-1-7）称为动圈式弧焊变压器的短路电流方程。由式（1-1-7）可以看出，总漏抗 X_L 可以限制短路电流 I_d 的大小。

焊接短路时，由于短路电流很大，由此产生的漏磁通造成更大的电压降，从而限制了短路电流的增长。

3. 电流调节

焊接电流的调节有两种方法，即粗调节与细调节。粗调节是通过改变一、二次绕组的接线方法，即通过改变一、二次绕组的匝数进行调节。细调节是通过手柄来改变一、二次绕组的距离进行调节。一、二次绕组距离越大，漏磁增加，焊接电流就减小；反之，焊接电流增大。

> **知识链接**

动圈式弧焊变压器的特点：因为没有动铁芯，所以避免了由铁芯振动所引起的小电流焊接时的电弧不稳；外特性比较陡降，电流调节范围比较宽，空载电压较高，且小电流焊接时空载电压更高。这些对各种焊接工艺参数下的焊条电弧焊来说都是比较合适的，特别是小电流焊接时引弧容易、电弧稳定，易保证焊接质量。

由于动圈式弧焊变压器主要靠调节一、二次绕组之间的距离来调节焊接电流，如果要求电流的下限较小，势必将矩形铁芯做得很高，导致消耗硅钢片较多，这是不经济的。因此，这类弧焊变压器适合制成中等容量。

1.1.4 动铁式弧焊变压器

1. 结构特点

动铁式弧焊变压器的结构如图 1-1-4 所示，它由静铁芯Ⅰ、动铁芯Ⅱ、一次绕组 W_1 和二次绕组 W_2 组成。动铁芯和静铁芯之间存在空气隙 δ。动铁芯插入一次绕组和二次绕组之间，提供了一个磁分路，以减小漏磁磁路的磁阻，从而使漏抗显著增加。动铁芯可以移动，进出于静铁芯的窗口，用以调节焊接电流的大小。

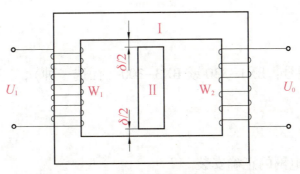

图 1-1-4 动铁式弧焊变压器的结构

2. 工作原理

由于动铁式弧焊变压器和动圈式弧焊变压器都属于增强漏磁式弧焊变压器，它们的空载电压表达式、外特性方程、短路电流表达式在形式上是完全一样的。这种弧焊变压器一、二次绕组分别绕在静铁芯两边的芯柱上会产生很大的漏磁；同时，在静铁芯中间有一个动铁芯，焊接时，动铁芯形成分路，造成更大的漏磁，从而使二次电压迅速下降，以获得较为陡降的外特性。

3. 电流调节

动铁芯的形状有矩形和梯形两种，因为梯形动铁芯调节焊接电流的范围比矩形动铁芯大，所以目前主要采用梯形动铁芯的结构。梯形动铁芯与静铁芯的配合如图 1-1-5 所示。

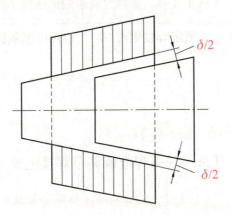

图 1-1-5 梯形动铁芯与静铁芯的配合

由图 1-1-5 可以看出，动铁芯处于不同位置时，δ 发生变化，引起 X_L 改变，从而调节焊接电流 I_h 的大小。如果动铁芯向内移动，δ 减小，引起 X_L 增大，I_h 减小；反之，动铁芯向外移动，I_h 增大。

综上所述，动铁式弧焊变压焊接工艺的调节方式如下：

1) 细调，即摇动手柄使动铁芯与静铁芯之间的位置发生变化，达到均匀改变焊接电流的目的。

2) 粗调，即通过改变二次绕组的匝数达到粗调焊接电流的目的。

任务实施

安装调节弧焊设备型号：BX1-330 或 BX3-300（任选一种）。

步骤一：弧焊变压器的正确安装

1. 实训内容

1）弧焊设备与接入电网的正确安装。

2）弧焊设备接地线的安装。

3）弧焊设备安装后的检查验收。

2. 工时定额

30min。

3. 安全文明生产

（1）能遵守安全技术操作规程。

（2）能按企业有关文明生产的规定，做到场地整洁，工件、工具摆放整齐。

4. 参数选择

根据实训情况填写表 1-1-1。

表 1-1-1　弧焊设备参数的选择

设备型号	应接入电网电压/V	额定焊接电流/A	焊接电缆截面积/mm²	焊钳型号	备注
BX1-330					
BX3-300					

步骤二：弧焊设备焊接电流的调节

按照表 1-1-2 指定参数，任选一种弧焊电源调节焊接电流。

表 1-1-2　弧焊电源调节焊接电流

设备型号	焊接电流/A	焊接电流/A
BX1-330	120	260
BX3-300	100	180

1. 实训内容

1）弧焊变压器焊接电流的粗调节。

2）弧焊变压器焊接电流的细调节。

2. 工时定额

10min。

3. 安全文明生产

1）能遵守安全技术操作规程。

2) 能按企业有关文明生产的规定，做到场地整洁，工件、工具摆放整齐。

任务评价

1) 根据实训内容操作情况填写表 1-1-3。

表 1-1-3　弧焊设备正确安装、调节实训评分表

序号	实训内容	配分	评分标准	实测情况	得分	备注
1	弧焊设备的接地	10	正确接地，接地错误扣 10 分			
2	弧焊设备输出回路的正确安装	20	（1）正确选择焊接电缆、焊钳，错误扣 10 分； （2）正确安装焊接电缆与弧焊设备，错误扣 10 分			
3	弧焊设备安装后的检查验收	14	（1）检测空载电压，不检测扣 7 分； （2）检测最小焊接电流与最大焊接电流，不检测扣 7 分			
4	焊接电缆与铜接头的安装	10	牢固、可靠，不牢固、不可靠各扣 5 分			
5	焊接电缆与焊钳的安装	10	牢固、可靠，不牢固、不可靠各扣 5 分			
6	焊接电缆与地线接头的安装	10	牢固、可靠，不牢固、不可靠各扣 5 分			
7	焊接电流调节正确	10	粗调节、细调节正确，示值不正确扣 10 分			
8	遵守安全技术操作规程	10	按规程标准评定，违反有关规程扣 1~10 分			
9	文明生产规定	6	工作场地整洁，工件、工具放置整齐合理；稍差扣 1 分，较差扣 3 分，很差扣 6 分			
10	工时定额		按时完成；超工时定额 5%~20% 扣 2~10 分			
	总分	100	实训成绩			

2) 填写任务完成情况评估表（见表 1-1-4）。

表 1-1-4　任务完成情况评估表

任务名称			时间		
一、综合职业能力成绩					
评分项目	评分内容	配分	自评	小组评分	教师评分
任务完成	完成项目任务，功能正常等	60			
操作工艺	方法步骤正确，动作准确等	20			
安全生产	符合操作规程，人员设备安全等	10			
文明生产	遵守纪律，积极合作，工位整洁	10			
总分					
二、训练过程记录					
参考资料选择					
操作工艺流程					
技术规范情况					
安全文明生产					
完成任务时间					
自我检查情况					
三、评语	自我整体评价			学生签名	
	教师整体评价			教师签名	

知识拓展

1. 弧焊变压器的维护

要保证弧焊变压器的正常使用，必须对弧焊变压器进行日常与定期的维护、保养。日常使用中的维护和保养包括保持弧焊变压器内外清洁，经常用压缩空气吹净尘土；机壳上不堆放金属或其他物品，以防止损坏机壳或使弧焊变压器在使用时发生短路；弧焊变压器应放在干燥通风的地方，注意防潮等。

弧焊变压器的定期维护和保养可分为以下 3 种形式：

（1）每日一次的检查及维护

在开机工作之前的检查及维护内容包括检查电源开关、调节手柄、电流指针是否正常，检查焊接电缆连接处是否接触良好，开机后观察冷却风扇转动是否正常等。

（2）每周一次的检查及维护

在一周工作结束前填写检查记录。检查及维护内容包括内外除尘，擦拭机壳；检查转动和滑动部分是否灵活，并定期涂润滑油；检查电源开关接触情况及焊接电缆连接螺栓、螺母是否完好；检查接地线连接处是否接触牢固等。

(3) 每年一次的综合检查及维护

检查及维护内容包括拆下机壳，清除绕组及铁芯上的灰尘及油污；更换损坏的易损件；对机壳变形及破损处进行修理并涂油漆；检查变压器绕组的绝缘情况；对焊钳进行修理或更换；检修焊接电流指针及刻度盘；对损坏的焊接电缆进行修补或更换等。

2. 弧焊变压器的常见故障及维修

弧焊变压器发生故障的原因是多种多样的，除设计问题、制造质量问题外，绝大部分是由于使用和维护不当造成的。弧焊变压器一旦出现故障，应能及时发现，立即停机检查，迅速、准确地判定故障产生的原因，并及时排除故障。

弧焊变压器发生故障表现为工作中产生异常现象。弧焊变压器的结构比较简单，其异常现象也较容易发现。

焊机的异常现象是故障的外在表现形式，有时一种异常现象可能是由几种故障共同引发的。例如，焊条与工件之间打不着火，不能引弧，可能是电源开关损坏、熔丝烧断、电源动力线断脱、变压器一次绕组或二次绕组断路、焊接电缆和焊机输出端接触不良等多种原因造成的。从这些可能的原因中找出真正的故障所在，就需要有一定的理论知识和实践经验。利用各种仪器或仪表按一定的顺序方法对焊机电气线路进行检查，这样才能在较短的时间内准确地找出故障原因，避免因判断错误而造成各种不良后果。

弧焊变压器的常见故障及维修方法见表1-1-5。

表1-1-5 弧焊变压器的常见故障及维修方法

故障现象	产生原因	维修方法
弧焊变压器无空载电压，不能引弧	（1）地线和工件接触不良； （2）焊接电缆断线； （3）焊钳和电缆接触不良； （4）焊接电缆与弧焊变压器输出端接触不良； （5）弧焊变压器一、二次绕组断路； （6）电源开关损坏； （7）电源熔丝烧断	（1）使地线和工件接触良好； （2）修复断线处； （3）使焊钳和电缆接触良好； （4）修复连接螺栓； （5）修复断路处或重新绕制； （6）修复或更换开关； （7）更换熔丝
焊机外壳带电	（1）一次绕组或二次绕组碰壳； （2）电源线或焊接电缆碰到外壳； （3）焊接外壳未接地或接触不良	（1）检查并消除绕组碰壳； （2）消除碰壳； （3）接好地线
输出电流过小	（1）焊接电缆过细过长，压降大； （2）焊接电缆盘成盘状，电感大； （3）地线临时搭接而成； （4）地线与工件接触电阻过大； （5）焊接电缆与弧焊变压器输出端接触电阻大	（1）减小电缆长度或加大线径； （2）将电缆放开，不使其成盘状； （3）换成正规铜质地线； （4）采用地线夹头，以减小接触电阻； （5）使电缆和弧焊变压器输出端接触良好

续表

故障现象	产生原因	维修方法
焊接电流不稳定，忽大忽小	（1）电网电压波动； （2）调节丝杠磨损	（1）增大电网容量； （2）更换磨损部件
空载电压过低	（1）输入电压接错； （2）弧焊变压器二次绕组匝间短路	（1）纠正输入电压； （2）修复短路处
空载电压过高，焊接电流过大	（1）输入电压接错； （2）弧焊变压器能组接线接错	（1）纠正输入电压； （2）纠正接线
弧焊变压器过热，有焦糊味，内部冒烟	（1）弧焊变压器过载； （2）弧焊变压器一次或二次绕组短路； （3）一、二次绕组与铁芯或外壳接触	（1）减小焊接电流； （2）修复短路处； （3）修复接触处
弧焊变压器噪声过大	（1）铁芯叠片紧固螺栓未旋紧； （2）动、静铁芯间隙过大	（1）旋紧紧固螺栓； （2）铁芯重新叠片
弧焊变压器工作状态失常（如电流大小挡互换、空载电压过高或过低、无空载电压或空载短路等）	维修弧焊变压器时，将内部接线接错	纠正接线错误

思考与练习

一、判断题

1. 对于动铁式弧焊变压器，当手柄逆时针旋转，铁芯向外移动时，电流增大。（   ）

2. 对于动铁式弧焊变压器，当手柄顺时针旋转，铁芯向外移动时，电流增大。（   ）

3. 动圈式弧焊变压器焊接电流细调是通过手柄改变一次绕组和二次绕组的距离来实现的，距离越大则电流越大。（   ）

4. 弧焊电源连接网路的动力线的导电截面积要足够大，其允许的电流值要等于电源的额定焊接电流。（   ）

5. 专用焊接软电缆是用多股纯铜细丝制成的导线。（   ）

6. BX3 系列弧焊变压器属于动圈式弧焊变压器。（   ）

7. 焊条电弧焊为了保证良好的引弧性能，一般要求空载电压在 100V 以上。（   ）

8. 导线的电阻与其长度无关。（   ）

9. 电弧电压与焊接电流之间的关系是线性关系。（   ）

10. 当弧焊电源未接负载时，焊接电流为零，此时焊机输出端的电压为空载电压。（   ）

二、单项选择题

1. BX1 型弧焊电源焊接电流的细调是通过改变( )来实现的。
   A. 一次绕组匝数 B. 二次绕组匝数
   C. 一、二次绕组匝数 D. 动铁芯位置

2. BX3 型弧焊电源焊接电流的粗调是通过改变( )来实现的。
   A. 一次绕组匝数 B. 二次绕组匝数
   C. 一、二次绕组匝数 D. 一、二次绕组的距离

3. 常用同体式交流弧焊变压器的型号是( )。
   A. BX-500 B. BX1-400 C. BX3-500 D. BX6-200

4. 常用动圈式交流弧焊变压器的型号是( )。
   A. BX-500 B. BX1-400 C. BX3-500 D. BX6-200

5. 常用动铁式交流弧焊变压器的型号是( )。
   A. BX-500 B. BX1-400 C. BX3-500 D. BX6-200

6. 弧焊变压器采用( )方法，达到获得下降的外特性的目的。
   A. 焊接回路中串联一可调电阻 B. 焊接回路中串联一可调电感
   C. 焊接回路中并联一可调电阻 D. 焊接回路中并联一可调电感

7. δ 是同体式弧焊变压器电抗器铁芯中间留有的可调间隙，用以调节( )。
   A. 电弧电压 B. 短路电流 C. 焊接电流 D. 空载电压

8. BX3-500 型弧焊机，数字"500"是指焊机的( )。
   A. 最大焊接电流 B. 最小焊接电流 C. 额定焊接电流 D. 焊机质量

9. 交流弧焊变压器焊接电流的细调，是通过弧焊变压器侧面的旋转手柄来改变动铁芯位置实现的，当手柄逆时针旋转时，动铁芯向外移动，则( )。
   A. 漏磁减少，焊接电流增大 B. 漏磁减少，焊接电流减小
   C. 漏磁增加，焊接电流增大 D. 漏磁增加，焊接电流减小

10. 动圈式弧焊变压器的下降外特性是依靠( )获得的。
    A. 串联电感器 B. 串联镇定变阻器 C. 漏磁 D. 动铁芯

三、多项选择题

BX3 型弧焊电源焊接电流的调节可通过改变( )来实现。
A. 一次绕组匝数 B. 二次绕组匝数 C. 一、二次绕组匝数
D. 一、二次绕组距离 E. 动铁芯位置

任务1.2　弧焊整流器电源的结构与使用

学习目标

1. 知识目标

熟悉弧焊整流器的分类、结构与工作原理。

2. 技能目标

1）掌握弧焊整流器应用。

2）掌握弧焊整流器的安装及使用方法。

3. 素养目标

1）具备爱岗敬业、团结协作和注重安全生产的基本素质。

2）拥有制订工作计划的能力，具备选择完成工作任务的策略、方法的能力，能够开展自主学习、合作学习，能够查找资料、标准和规程，并在工作中实际应用。

任务描述

图1-2-1所示为常用的晶闸管式弧焊整流器的组成。通过本任务的学习，学生应了解弧焊整流器设备的结构，以及弧焊整流器的工作原理与应用，并掌握弧焊变压器的安装及使用方法。

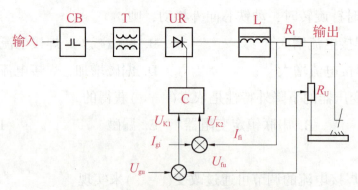

图1-2-1　晶闸管式弧焊整流器的组成

任务分析

常用的弧焊整流器的类型主要有晶闸管式弧焊整流器和晶体管式弧焊整流器，它们的结构及工作原理不同，但都能保证焊接的正常进行。下面让我们一起来学习弧焊整流器的有关知识。

必备知识

1.2.1 弧焊整流器的分类及应用

弧焊整流器是一种将交流电变压、整流转换成直流电的弧焊电源。弧焊整流器有硅弧焊整流器、晶闸管式弧焊整流器和晶体管式弧焊整流器等不同类型。随着大功率电子元器件和集成电路技术的发展，具有耗材少、质量小、节能、动特性及调节性能好等特点的晶闸管式弧焊整流器得到广泛应用。晶体管式弧焊整流器是20世纪70年代后期发展起来的一种弧焊电源，现在已发展成为品种多、性能好、精度高、控制灵敏并能满足各种新弧焊工艺需要的新型弧焊电源。

1.2.2 晶闸管式弧焊整流器

随着大功率晶闸管的问世，相应出现了晶闸管式弧焊整流器。由于其本身具有良好的可控性，因而对电源外特性形状的控制、焊接参数的调节都可以通过改变晶闸管的导通角来实现，而不需要用磁饱和电抗器，它的性能更优于磁饱和电抗器式弧焊电源。国产晶闸管式弧焊整流器主要有 ZDK 系列和 ZX5 系列。

1. 晶闸管式弧焊整流器的组成

晶闸管式弧焊整流器的组成如图 1-2-1 所示。主电路由变压器 T、晶闸管整流器 UR 和输出电抗器 L 组成。C 为晶闸管的触发电路。当要求得到下降外特性时，触发脉冲的相位由给定电流 I_{gi} 和电流反馈信号 I_{fi} 确定；当要求得到平外特性时，触发脉冲的相位则由给定电压 U_{gu} 和电压反馈信号 U_{fu} 确定。此外，晶闸管式弧焊整流器还包括操纵和保护电路 CB。

2. 晶闸管式弧焊整流器的主要特点

晶闸管式弧焊整流器具有以下特点：

（1）动特性好

与硅弧焊整流器相比，其内部电感小，故具有电磁惯性小、反应速度快的特点。在用作平特性电源时，其可以满足所需的短路电流增长速度；在用作下降外特性电源时，不致有过大的短路电流冲击，且在必要时可以对其动特性指标加以控制和调节。

（2）控制性能好

由于它可以用很小的触发功率来控制整流器的输出，并具有电磁惯性小的特点，因而易于控制。通过不同的反馈方式，可以获得所需的各种外特性形状。电流、电压可在较宽的范围内均匀、精确、快速地调节，并且易于实现对电网电压的补偿。因此，这种整流器可用作弧焊机器人的配套电源。

（3）节能

它的空载电压较低，效率、功率因数较高，输入功率较小，故节约电能。

(4) 省料

与磁饱和电抗器式电源相比，它没有磁饱和电抗器，可以节省材料，减小质量。

(5) 电路复杂

除主电路和控制电路外，它还有触发电路，因而使用的电子元器件较多，这对电源的可靠性有很大影响，同时对电源的调试和维修技术要求较高。

(6) 存在整流波形脉动问题

它是通过改变晶闸管的导通角来调节电流和电压的，因而电流和电压的波形脉动比磁饱和电抗器式电源大。尤其是在下降外特性的情况下，空载电压比工作电压高得多，要求电源变化范围很大。空载时，晶闸管需要全导通，以输出高电压；负载时，则要求其导通角变得较小，以输出低电压。当导通角很小时，整流波形脉动加剧，甚至出现波形不连续，导致焊接电弧不稳定，解决方法是在晶闸管上并联二极管和限流电阻构成维弧电路。

3. 应用范围

(1) 平特性晶闸管式弧焊整流器

它适用于熔化极气体保护焊、埋弧焊及对控制性能要求较高的数控焊，还可作为弧焊机器人的电源。

(2) 下降特性晶闸管式弧焊整流器

它适用于焊条电弧焊、钨极氩弧焊和等离子弧焊。

常见的晶闸管式弧焊整流器主要有 ZDK-500 型和 ZX5-400 型两种。现以 ZX5-400 型为例加以简要介绍。

4. ZX5-400 型晶闸管式弧焊整流器

ZX5 系列晶闸管式弧焊整流器有 ZX5-250、ZX5-400 等型号，均具有下降外特性，采用全集成控制电路，三相全桥式整流电源，主要数据见表 1-2-1。

表 1-2-1　ZX5 系列晶闸管式弧焊整流器的主要数据

产品型号	额定输入容量/(kV·A)	一次侧电压/V	工作电压/V	额定焊接电流/A	焊接电流调节范围/A	负载持续率/%	质量/kg	主要用途
ZX5-250	14	380	21~30	250	25~250	60	150	适用于手弧焊接
ZX5-400	24	380	21~36	400	40~400	60	200	
ZX5-630	48	380	44	630	130~630	60	260	

(1) 设备构造

ZX5 系列晶闸管式弧焊整流器由三相主变压器、晶闸管组、直流电抗器、控制电路和电源控制开关等部件组成。

1) 三相主变压器，主要作用是将 380V 网路电压降为几十伏的交流电压，供给晶闸管组整流。

2）晶闸管组，主要作用是将三相主变压器送来的交流电压进行三相全桥式整流和功率控制。

3）直流电抗器，主要作用是对晶闸管整流输出的脉动较大的电压进行滤波，使之趋于平滑，还可以改善动特性和抑制短路电流的峰值。

4）控制电路，通过电子触发电路控制晶闸管组以便得到所需的直流焊接电压和电流，并采用闭环反馈的方式来控制外特性。

5）电源控制开关，主要有焊接电流范围开关、"开关"控制开关、电流控制开关和电弧推力开关。

（2）工作原理

ZX5 系列晶闸管式弧焊整流器原理框图如图 1-2-2 所示。

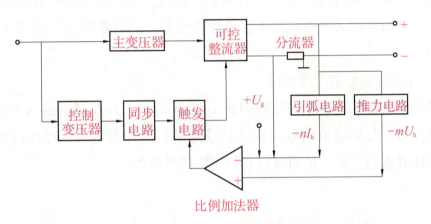

图 1-2-2　ZX5 系列晶闸管式弧焊整流器原理框图

焊机启动，网路电源向焊机供电。三相主变压器将三相网路电压降为几十伏的交流电压，通过晶闸管组实现整流和功率控制，经直流电抗器滤波和调节动特性，输出所需要的直流焊接电压和电流。ZX5 系列晶闸管式弧焊整流器采用电子触发电路以闭环反馈方式来控制外特性。控制原理：将电压和电流反馈信号与给定电压和电流（U_g、I_g）进行比较，并改变触发脉冲相位角，以控制大功率晶闸管组导通角大小，从而获得平特性（用于 CO_2 气体保护焊细丝等速送丝）、下降外特性（用于手弧焊或变速送丝熔化极焊接）等各种形状的外特性，实现对焊接电流和电压进行无级调节。

（3）工作特点

ZX5 系列晶闸管式弧焊整流器具有以下工作特点：

1）电源中的推力电流装置，施焊时可保证引弧容易，促进熔滴过渡，不粘焊条。

2）电源中加有连弧操作和灭弧操作选择装置：当选择连弧操作时，可保证电流拉长不易熄弧；当选择灭弧操作时，配以适当的推力电流，可保证焊条一接触焊件就引燃电弧，电弧拉到一定长度就熄弧，并且灭弧的长度可调。

3）电源控制板全部采用集成电路元器件，出现故障时，只需更换备用板，焊机就能正常使用，维修很方便。此外，ZX5 系列晶闸管式弧焊整流器具有优良的电路补偿功能和自动补偿环节，还备有远控制盒，以便远距离调节电流，广泛适用于焊条电弧焊和焊弧气刨。

1.2.3 晶体管式弧焊整流器

1. 晶体管式弧焊整流器的特点及分类

TIG焊的电流种类和极性

晶体管式弧焊整流器的主要特点是，在变压、整流后的直流输出端串入大功率晶体管组。这种弧焊电源依靠大功率晶体管组、电子控制电路与不同的闭环控制相配合，从而获得不同的外特性和输出电流波形。现在它已发展成为品种多、性能好、精度高、控制灵敏并能满足各种新弧焊工艺需要的新型弧焊电源。

实质上，大功率晶体管组在主电路回路中起着两种作用：一是起着线性放大调节器（即可控电阻）的作用；二是起着电子开关的作用。根据晶体管组工作方式的不同，常把前者称为模拟式晶体管弧焊整流器，把后者称为开关式晶体管弧焊整流器。

TIG焊工艺

2. 晶体管式弧焊整流器的工作原理

晶体管式弧焊整流器的基本工作原理如图1-2-3所示。其控制电路从主电路中的输出检流器中取出反馈信号，与给定值信号分别比较放大后得出控制信号，经比例加法器综合放大后，输入控制晶体管组的基极，从而可以获得所需的外特性。

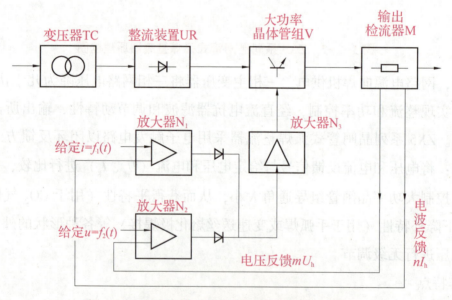

图1-2-3 晶体管式弧焊整流器的基本工作原理

3. 模拟式晶体管脉冲弧焊电源

（1）主电路组成

模拟式晶体管脉冲弧焊电源的主电路如图1-2-4所示。其由三相变压器TC、整流器UR、滤波电容器组C、大功率晶体管组VT、分流器RS、分压器RP等组成。三相变压器将网路电压降为几十伏的交流电压，经整流器UR整流、电容器组C滤波后得到所需的焊接空载电压（约几十伏）。串入主回路的大功率晶体管组VT工作在放大状态，起可变电阻的作用，以控制外特性形状、调节焊接参数和控制电流波形。晶体管组由几十至几百只管子并联而成。电容器组 C 除滤波外，主要作用是在脉冲弧焊时保证三相电源负载均衡。

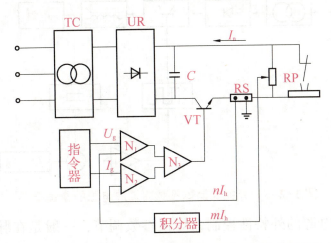

图 1-2-4 模拟式晶体管脉冲弧焊电源的主电路

（2）特点和应用

模拟式晶体管脉冲弧焊电源的主要特点如下：

1）模拟式晶体管脉冲弧焊电源是一个带反馈的大功率放大器，可以在很宽的频带内获得任意波形的输出电流。

2）控制灵活，调节精度高，对采用计算机控制具有很强的适应性，便于实现一机多用。

3）通过"比例-积分"电子线路，可以方便地控制 di/dt，进而减少短路过渡焊接时出现的飞溅，获得理想的动特性。

4）电源的外特性可以任意调节，因而适用范围广。

5）主要缺点是功耗大，晶体管上消耗 40% 以上的电能，因而效率低。这是由于晶体管工作在模拟状态，管压降大。

模拟式晶体管脉冲弧焊电源可以用于 MAG（Metal Active Gas Arc Welding，熔化活性气体保护焊）、MIG（Melt Inert Gas Welding，熔化极惰性气体保护焊）、TIG（Tungsten Intert Gas Welding，非熔化极惰性气体保护电弧焊）、等离子弧焊、埋弧焊等多种焊接，也可用于机器人焊接。

4. 开关式晶体管脉冲弧焊电源

（1）基本原理

模拟式晶体管脉冲弧焊电源的大功率晶体管组工作在放大状态（本质上作可变电阻用），晶体管组通过的焊接电流很大，而且管压降较高，因此晶体管组上的功耗很大，效率低。为了解决这一问题，可使晶体管组工作在开关状态，这就出现了开关式晶体管脉冲弧焊电源。

MIG 焊接头设计与准备

图 1-2-5 所示为开关式晶体管脉冲弧焊电源的原理框图，它的晶体管组 VT 工作在开关状态。当它"开"（饱和导通）时，输出电流很大，而管压降接近于零；当它"关"（截止）时，管压降高，而输出电流接近于零。两种状态下晶体管组的功耗都很小，因而效率高，且耗电量小。但是，为保证电弧电流连续，这种电源必须附加滤波电路（常由电感和续流二极

管组成）。

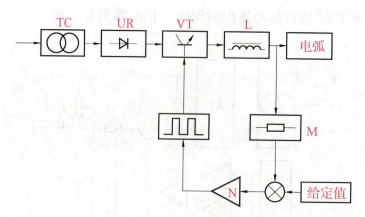

图1-2-5 开关式晶体管脉冲弧焊电源的原理框图

开关式晶体管弧焊电源的外特性控制盒焊接参数调节，一般是在脉冲频率一定的条件下通过改变脉冲占空比来实现的。这就是"定频率调脉冲宽度"的控制调节方式，即通过引入电压和电流的反馈来控制占空比，以获得任意斜率的外特性。

（2）开关式晶体管脉冲弧焊电源的种类、特点及应用

开关式晶体管脉冲弧焊电源按开关频率的给定方式不同，可分为指令式和电流截止反馈式两种。其主要特点如下：

1）大功率晶体管组在开关状态，功率小，效率高，而且单位电流用晶体管少，造价低。

2）开关频率为10~30kHz，在工作过程中频率不变，通过调节脉冲占空比来调节焊接参数和控制外特性形状。滤波环节时间常数不宜太大，否则会降低动态性能。

3）输出矩形波，但因电路有电感，滤波会发生畸变，当用低频调制获得低频脉冲电流时有较大内脉动。此外，受开关频率的限制，调节范围较小。

综上所述，晶体管式弧焊整流器是一种焊接性能良好的弧焊电源，可以适应多种弧焊方法的需要。模拟式弧焊整流器的输出电流没有纹波，反应速度快，很适合用于熔化极气体保护焊，但耗电量大，因而只对质量要求高的场合采用。开关式弧焊整流器的输出电流有一定的纹波，适用于钨极氢弧焊和等离子弧焊。

任务实施

下面进行ZX5-400型弧焊整流器的安装和调节。

1. 实训内容

1）弧焊设备与接入电网的正确安装。

2）弧焊设备接地线的正确安装。

3）弧焊设备输出回路的正确安装（直流正接、直流反接）。

4）弧焊设备安装后的检查验收。

2. 工时定额

30min。

3. 安全文明生产

1) 能遵守安全技术操作规程。
2) 能按企业有关文明生产的规定，做到场地整洁，工件、工具摆放整齐。

4. 参数选择

根据实训情况填写表1-2-2。

表1-2-2　弧焊设备参数选择

设备型号	应接入电网电压/V	额定焊接电流/A	焊接电缆截面积/mm^2	焊钳型号	备注
ZX5-400					

任务评价

1) 根据实训内容操作情况填写表1-2-3。

表1-2-3　弧焊设备正确安装调节实训评分表

序号	实训内容	配分	评分标准	实测情况	得分	备注
1	弧焊设备的接地	10	正确接地，接线错误扣10分			
2	弧焊设备输出回路的正确安装	30	（1）正确选择焊接电缆、焊钳，错误扣10分； （2）正确安装焊接电缆与弧焊设备，错误扣10分； （3）直流正接或直流反弹，错误扣10分			
3	弧焊设备安装后的检查验收	14	（1）检测空载电压，不检测扣7分； （2）检测最小焊接电流与最大焊接电流，不检测扣7分			
4	焊接电缆与铜接头的安装	10	牢固、可靠，不牢固、不可靠各扣5分			
5	焊接电缆与焊钳的安装	10	牢固、可靠，不牢固、不可靠各扣5分			
6	焊接电缆与地线接头的安装	10	牢固、可靠，不牢固、不可靠各扣5分			
7	遵守安全技术操作规程	10	按规程标准评定，违反有关规程扣1~10分			
8	文明生产规定	6	工作场地整洁，工件、工具放置整齐合理；稍差扣1分，较差扣3分，很差扣6分			

续表

序号	实训内容	配分	评分标准	实测情况	得分	备注
9	工时定额		按时完成；超工时定额 5%～20%扣 2～10 分			
	总分	100	实训成绩			

2）填写任务完成情况评估表（见表1-2-4）。

表1-2-4 任务完成情况评估表

任务名称			时间		
一、综合职业能力成绩					
评分项目	评分内容	配分	自评	小组评分	教师评分
任务完成	完成项目任务，功能正常等	60			
操作工艺	方法步骤正确，动作准确等	20			
安全生产	符合操作规程，人员设备安全等	10			
文明生产	遵守纪律，积极合作，工位整洁	10			
	总分				
二、训练过程记录					
参考资料选择					
操作工艺流程					
技术规范情况					
安全文明生产					
完成任务时间					
自我检查情况					
三、评语	自我整体评价			学生签名	
	教师整体评价			教师签名	

知识拓展

晶闸管式弧焊整流器的常见故障及维修

晶闸管式弧焊整流器的常见故障及维修方法见表1-2-5。

表 1-2-5　晶闸管式弧焊整流器的常见故障及维修方法

故障现象	产生原因	维修方法
接通电源，指示灯不亮	(1) 电源无电压或断相； (2) 指示灯损坏； (3) 熔丝烧坏； (4) 连接线脱落	(1) 检查并接通电源； (2) 更换指示灯； (3) 更换熔丝； (4) 查找脱落处并接牢
开启焊机开关，焊机不转	(1) 开关接触不良或损坏； (2) 控制熔丝烧坏； (3) 风扇电容损坏； (4) 风扇损坏； (5) 风扇的接线未接牢或脱落	(1) 检修开关或更换； (2) 更换熔丝； (3) 更换电容； (4) 检修或更换风扇； (5) 接牢接线
焊机内出现焦煳味	(1) 主回路部分或全部短路； (2) 风扇不转或风力太小； (3) 主回路中有晶闸管被击穿、短路	(1) 修复电路； (2) 修复风扇； (3) 更换晶闸管
焊接、引弧推力不可调	(1) 调节电位器的活动触头松动或损坏； (2) 控制电路板零部件损坏； (3) 连接线脱落、虚焊	(1) 检修电位器或更换电位器； (2) 更换已坏零部件； (3) 接牢或焊牢脱落连接线
引弧困难，电压表显示空载电压为50V以上	(1) 整流二极管损坏； (2) 整流变压器绕组有两相烧断； (3) 输出电路有断线； (4) 整流电路的降压电阻损坏	(1) 更换整流二极管； (2) 检修变压器绕组； (3) 接好断线； (4) 更换降压电阻
开启焊机开关，瞬时烧坏熔丝	(1) 控制变压器绕组匝间或绕组与框架间短路； (2) 风扇搭壳短路； (3) 控制电路板零部件损坏； (4) 控制接线脱落引起短路	(1) 排除短路； (2) 检修风扇； (3) 更换损坏零部件； (4) 将脱落控制接线接牢
噪声变大、振动变大	(1) 风扇风叶碰风圈； (2) 风扇轴承松动或损坏； (3) 主回路中晶闸管不导通； (4) 固定箱壳或内部的某固定件松动； (5) 三相电源中某一相开路	(1) 整理风扇支架，消除碰触； (2) 修理或更换轴承； (3) 修理或更换晶闸管； (4) 拧紧固定件； (5) 调整触发脉冲，使其平衡
焊机外壳带电	(1) 电源线误碰机壳； (2) 变压器、电抗器、电源开关及其他电气元件或接线碰箱壳； (3) 未接接地线或接触不良	(1) 检查并消除碰触； (2) 检查并消除碰触； (3) 接好接地线

续表

故障现象	产生原因	维修方法
不能引弧，即无焊接电流	（1）焊机的输出端与工件连接不可靠； （2）变压器二次绕组匝间短路； （3）主回路晶闸管组中有几个不触发； （4）无输出电压	（1）使输出端与工件相连； （2）排除短路； （3）检查控制线路触发部分及其引线，并进行修复； （4）检查并修复
焊接电流调节失灵	（1）三相电源其中一相开路； （2）近、远程选择与电位器不对应； （3）主回路晶闸管不触发或击穿； （4）焊接电流调节电位器无输出电压； （5）控制线路故障	（1）检查并修复开路； （2）使其对应； （3）检查并修复主回路晶闸管； （4）检查控制线路给定电压部分及引出线； （5）检查并修复控制线路
无输出电流	（1）熔丝烧断； （2）风扇不转或长期超载使整流器内温度过高，从而使温度继电器动作； （3）温度继电器损坏	（1）更换熔丝； （2）修复风扇； （3）更换温度继电器
焊接时焊接电弧稳定性明显变差	（1）线路中某处接触不良； （2）滤波电抗器匝间短路； （3）分流器到控制箱的两根引线断开； （4）主回路晶闸管组中有一个或几个不导通； （5）三相输入电源其中一相开路	（1）检查线路，使其接触良好； （2）消除短路； （3）重新接上引线； （4）检查控制线路及主回路晶闸管组，并进行修复； （5）检查并修复开路

思考与练习

一、判断题

1. 弧焊整流器是一种将直流电转换成交流电的焊接电源。（ ）
2. 因为弧焊电源接在网路电源的回路上，所以焊接电流也就是网路电流。（ ）
3. 弧焊电源的实际负载持续率越高，允许使用的焊接电流越大。（ ）
4. 国家标准规定：额定电流 500A 以内的焊条电弧焊电源以 5min 作为计算负载持续率的周期。（ ）
5. 弧焊电源负载时，如果将电缆盘在一起，就相当于在焊接回路中串联了一个电感线圈。（ ）
6. 晶闸管式弧焊整流器的触发电路，触发脉冲上升的前沿要陡，一般要求在 10μs 以内。（ ）

7. 对于晶闸管式弧焊整流器，如果采用三相半桥式整流电路，则只需一个触发电路。
（　　）

8. 晶闸管式弧焊整流器的外特性靠电弧电压负反馈或电流负反馈两种方法获得。（　　）

9. 模拟式晶体管弧焊整流器只要接通电弧电压负反馈线路就可以获得恒压外特性。
（　　）

二、单项选择题

1. 常用的晶闸管式弧焊整流器的型号是（　　）。
   A. ZX3-400　　　B. ZX5-400　　　C. ZX7-400　　　D. BX1-300

2. 下面的弧焊电源中，能耗最高的是（　　）。
   A. 弧焊变压器　　B. 弧焊整流器　　C. 弧焊发电机　　D. 逆变弧焊电源

3. 下面的弧焊电源中，能耗最低的是（　　）。
   A. 弧焊变压器　　B. 弧焊整流器　　C. 弧焊发电机　　D. 逆变弧焊电源

4. 容易由自身磁场引起偏吹现象的电源是（　　）电源。
   A. 交流　　　　　B. 直流　　　　　C. 脉冲　　　　　D. 高频

三、多项选择题

1. 晶闸管式弧焊整流器由（　　）等组成。
   A. 电抗器　　　　B. 电源系统　　　C. 控制系统　　　D. 触发系统
   E. 反馈系统　　　F. 调节手轮

2. 硅弧焊整流器由（　　）等组成。
   A. 控制系统　　　B. 整流器组　　　C. 饱和电抗器　　D. 输出电抗器
   E. 通风装置　　　F. 三相降压变压器

任务 1.3　逆变控制弧焊电源的结构与使用

学习目标

1. 知识目标

了解逆变控制弧焊电源的原理、特点、类型及组成。

2. 技能目标

1) 掌握逆变控制弧焊电源的使用及维护方法。

2) 能够按照安全技术操作规程操作逆变控制弧焊电源设备，了解其劳动保护要求。

3. 素养目标

1) 具备爱岗敬业、团结协作和注重安全生产的基本素质。

2）拥有制订工作计划的能力，以及选择完成工作任务的策略、方法的能力，能够开展自主学习、合作学习，能够查找资料、标准和规程，并在工作中实际应用。

任务描述

通过解析逆变控制弧焊电源结构，了解逆变控制弧焊电源的组成、类型，以及逆变控制弧焊电源设备的安全操作规程及劳动保护要求。

任务分析

逆变控制弧焊电源的结构及使用方法涉及电路原理、焊机维护、安全操作规程及劳动保护的知识。通过学习，学生应了解逆变控制弧焊电源的特点，掌握逆变控制弧焊电源设备的操作方法。

必备知识

1.3.1 逆变控制弧焊电源概述

随着现代电力电子技术的发展，各种大功率电子开关元器件相继出现，为电子化和数字化弧焊电源的发展奠定了基础。逆变控制弧焊电源应运而生，目前其已经成为广泛应用的电子控制型弧焊电源。

1. 逆变形式

AC（交流）-DC（直流）为正变，DC-AC 为逆变。逆变控制弧焊电源是将电流逆变技术应用于弧焊电源中的一种弧焊电源。它先将常见的交流电经过整流变为直流电，再将直流电变为高频交流电，然后进行整流输出。实现电流逆变的装置称为逆变器，用于弧焊电源的逆变器为弧焊逆变器。电流逆变过程框图如图 1-3-1 所示。

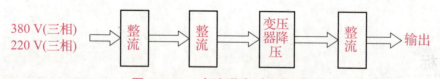

图 1-3-1　电流逆变过程框图

2. 弧焊逆变器的逆变形式

弧焊逆变器主电路的基本工作原理可以归纳为，工频交流—直流—高压中频交流—降压—交流，并再次变成直流，必要时，需要再把直流电变成矩形波交流电。因此，在弧焊逆变器中可采用以下 3 种逆变形式：

1）AC-DC-AC，即交流—直流—交流。这种逆变形式最终输出为交流电，交流电的频率为逆变器的逆变频率，远远高于工作频率。由于频率高的交流电传输的损耗较大，传输距离等受到限制,在实际弧焊电源中很少采用这种逆变形式。

2) AC-DC-AC-DC,即交流—直流—交流—直流。这种逆变形式最终输出的是直流电,是目前大多数逆变式直流弧焊电源采用的逆变形式。采用这种逆变形式的弧焊电源可以焊接碳钢、铜及其合金、不锈钢等多种金属。

3) AC-DC-AC-DC-AC,即交流—直流—交流—直流—交流。有时,为了某些特殊用途,还需要再加一级、二级逆变环节,将直流电变为交流电,供电弧燃烧,产生交流电弧。这种形式有两次逆变,最终输出的是矩形波交流电。方波交流电的频率可以选择得较低,主要用于铝、镁及其合金材料的焊接。由于采用这种逆变形式的弧焊电源最终输出的是矩形波交流电,将其称为逆变式矩形波交流弧焊电源或变极性逆变式弧焊电源。

3. 弧焊逆变器的构成

弧焊逆变器控制电路由供电系统、电子功率系统、电子控制系统和给定反馈系统(焊接电弧)等组成,如图1-3-2所示。

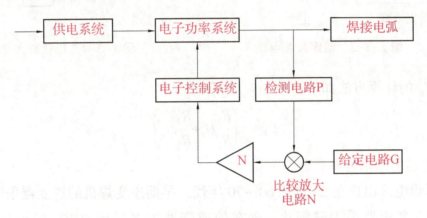

图1-3-2 弧焊逆变器控制电路的基本组成框图

(1) 供电系统

供电系统的作用为将50Hz单相或三相的工频交流电经整流器整流和滤波之后,获得逆变电路所需的稳定的直流电(单相整流约为310V,三相整流约为520V)。输入端的滤波器包括低通滤波器和整流滤波器。低通滤波器置于输入整流器之前,与工频电网连接,其作用是防止工频电网上的高频干扰进入弧焊逆变器,同时阻止弧焊逆变器本身产生的高频干扰反串入工频电网。

(2) 电子功率系统

电子功率系统由逆变主电路、中频变压器开关等组成,其作用为变换电参数(电压、电流及波形),并以低电压大电流向焊接电弧提供所需的电气性能和工艺参数。必须指出的是,电子功率系统本身并不能焊接,必须与电子控制系统结合起来才能焊接。

(3) 电子控制系统

电子控制系统为电子功率系统提供足够大的、按电弧所需规律变化的开关脉冲信号,驱动逆变主电路工作。电子控制系统包括驱动电路和电子控制电路两部分。

（4）给定反馈系统

给定反馈系统由检测电路 P、给定电路 G、比较放大电路 N 等组成。给定反馈电路如图 1-3-3 所示。检测电路 P 主要用于提取电弧电压和电流的反馈信号；给定电路 G 用于提供给定信号，决定对电弧提供的焊接参数的大小；比较放大电路 1V 用于把反馈信号与给定信号比较后进行放大，与电子控制系统一起实现对弧焊逆变器的闭环控制，并使它获得所需的外特性和动特性，如图 1-3-4 所示。

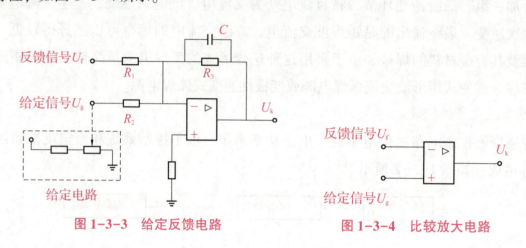

图 1-3-3　给定反馈电路　　　　　图 1-3-4　比较放大电路

比较电压 U_K 的计算方法如下：

$$U_K = -\left(\frac{R_3}{R_1}U_f + \frac{R_3}{R_2}U_g\right) \tag{1-3-1}$$

4. 弧焊逆变器的基本控制原理

逆变控制弧焊电源出现在 20 世纪 60—70 年代，早期逆变焊机的逆变器采用晶闸管，逆变频率为 2~3kHz，变压器采用硅钢片。现在的逆变器主要采用 IGBT（Insulated Gate Bipolar Transistor，绝缘栅双极型晶体管）和 MOSFET（Metal Oxide Semiconductor Field Effect Transistor，金属氧化物半导体场效应晶体管），逆变频率在 20kHz 以上，主变压器铁芯采用微晶铁芯和铁氧体。焊接电源对安全性要求较高，所以主变压器制作要求安全系数高。同一般电源不同，输出短路是焊接电源的正常工作状态，故对逆变焊机有完善的保护。弧焊逆变器的基本工作原理如图 1-3-5 所示。

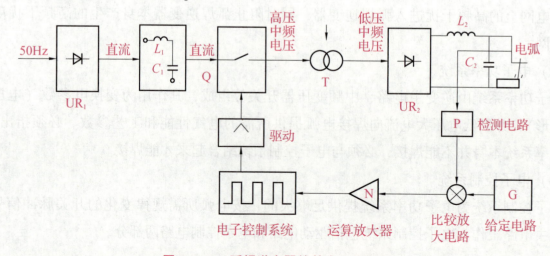

图 1-3-5　弧焊逆变器的基本工作原理

单相或三相工频交流电压经输入整流器 UR_1 整流和滤波器 L_1、C_1 滤波后变为逆变器所需的平滑直流电压。该直流电压在电子功率系统中经逆变器的大功率开关器件（晶闸管、晶体管、场效应晶体管或 IGBT）组 Q 的交替开关作用，变成频率为几千至几万赫兹的高压中频电压，再经中频变压器 T 降至适合于焊接的低压中频电压，并借助于电子控制系统的控制驱动电路和给定反馈电路（由 P、G、N 等组成）及焊接回路的阻抗，获得焊接工艺所需的外特性和动特性。如果需要采用直流电压进行焊接，还需经整流器 UR_2 整流和 L_2、C_2 的滤波，把中频交流电压变成稳定的直流电压输出。

5. 逆变控制弧焊电源的分类

逆变控制弧焊电源的分类方法有多种。例如，按照输出电流种类的不同，分为直流逆变控制弧焊电源、交流逆变控制弧焊电源和脉冲逆变控制弧焊电源等；按照应用对象不同，逆变控制弧焊电源可分为焊条电弧焊逆变电源、气体保护焊逆变电源和等离子弧焊逆变电源等。但最常见的分类方法是根据电子功率开关的类型进行分类，因为电子功率开关是组成逆变器的核心器件，它能够反映逆变电源的某些特点。目前，用于逆变控制弧焊电源的电子功率开关器件主要有晶闸管、晶体管、MOSFET 和 IGBT 等，于是相应地可将逆变控制弧焊电源分为晶闸管式弧焊逆变器、晶体管式弧焊逆变器、MOSFET 式逆变弧焊电源、IGBT 式逆变弧焊电源等。

6. 逆变控制弧焊电源的特点

与普通弧焊电源相比，逆变控制弧焊电源最显著的特点是工作频率高，目前常见的 IGBT 式逆变弧焊电源的逆变频率一般在 20kHz 以上。此外，逆变控制弧焊电源还具有如下特点：

（1）体积小、质量小

普通弧焊电源的体积和质量主要集中在变压器和电抗器上，所占比例可达 80% 以上。在变压器设计中，根据有关电磁定律可以推出电压 U 与变压器工作频率 f、铁芯截面积 S、铁芯材料的最大磁感应强度 B_m 及绕组匝数 N 之间的关系，即

$$U \propto fNB_mS \tag{1-3-2}$$

B_m 的大小与变压器铁芯的磁性材料有关，磁性材料确定后，B_m 也就确定了。当输入电压 U 一定后，变压器的工作频率 f 与变压器绕组匝数 N 和铁芯截面积 S 的乘积成反比。当工作频率 f 的幅度提高时，N、S 就会大幅度下降，相应地，变压器的体积和质量也大幅度减小。由于逆变控制弧焊电源中的逆变频率远远高于工频，其变压器的体积和质量会大大减小。而且逆变频率越高，变压器的体积和质量减小得越多。同理，工频大幅度提高，电抗器的体积和质量也会大幅度减小。

由此可见，变压器和电抗器体积、质量的大幅度减小，将使逆变控制弧焊电源本身的体积和质量大幅度减小。例如，一个额定电流为 300A 的逆变控制弧焊电源质量约为 35kg，体积为 0.06m^3；而一个相同额定电流的晶闸管式逆变弧焊电源质量约为 180kg，体积 0.65m^3。

逆变控制弧焊电源较小的质量和体积为其生产、运输、使用等提供了极大的方便，尤其

适用于流动及高空作业。

（2）高效节能

逆变控制弧焊电源的变压器和电抗器的体积和质量大大减小，相应的铁损（铁芯磁损耗）和铜损（导线耗能）也随之减小；又因逆变频率高，通电周期小，变压器的励磁电流很小。逆变控制弧焊电源半导体功率开关器件工作于开关状态，比工作于模拟状态的半导体功率器件的功耗小。因此，逆变控制弧焊电源效率高，功率因数高，节约电能，可减少配电容量。表1-3-1列出了逆变控制弧焊电源与常用传统弧焊电源主要技术指标的比较。

表1-3-1 逆变控制弧焊电源与常用传统弧焊电源主要技术指标的比较

型号规格		AX6-400 直流弧焊发电机	ZXG-400 磁放大器式硅弧焊电源	ZX5-400 晶闸管式弧焊逆变器	ZX7-400 晶闸管式弧焊逆变器	ZX7-400 IGBT式逆变弧焊电源
额定输出电流/A		400	400	400	400	400
额定负载持续率		60	60	60	60	60
输出空载电压/V		60~90	80	63	60~80	65
输入电压		三相380V	三相380V	三相380V	三相380V	三相380V
效率/%		53	65	64	85.6	≥90
功率因数 cosφ		0.9	0.55	0.65	≥0.90	≥0.95
质量/kg		360	310	220	66	33
外形尺寸/mm	长	950	690	594	540	550
	宽	590	490	495	355	320
	高	890	952	1000	460	390

（3）动特性好、控制灵活

普通弧焊电源的工作频率为工频或其倍频，控制周期较长，回路中保持电流稳定的输出电抗器电感较大，即使是晶闸管双反星形式弧焊整流器的工频也仅为6倍工频；而逆变式弧焊电源的工作频率很高，焊接回路中起滤波作用的电感值也较小，从而使整个回路的时间常数减少，控制过程的动态响应速度加快。

逆变控制弧焊电源的外特性、动特性等性能主要由电子控制电路进行调节。电子控制电路的变化和调整灵活、方便，易于在一台电源上实现多种特性的输出，甚至在焊接过程中也可以根据要求切换不同的特性。

（4）元器件特性要求高，电路复杂

逆变控制弧焊电源是典型的电力电子装置，是高精度电子控制电源，其电路复杂。普通弧焊电源的工频低，一般工作波形为正弦波，而逆变控制弧焊电源由于工频高，内部电流换向快，变化剧烈，对动态参数的影响十分明显。在这样严苛的工作条件下，逆变控制弧焊电源的电子功率开关等元器件被击穿、烧穿的可能性大大增加。为了保证逆变控制弧焊电源的可靠性、稳定性，不仅需要采用高质量、高性能的元器件，还需要设计、应用许多保护电路。这也是逆变控制弧焊电源的控制电路复杂的重要原因之一。

1.3.2 晶闸管式弧焊逆变器

1. 组成与工作原理

晶闸管是一种功率半导体开关器件，按其工作特性，有单向（SCR）和双向（TRIAC）之分。它是由PNPN 4层半导体构成的器件，有3个电极，分别是阳极A、阴极K和控制极G。晶闸管在电路中能够实现交流电的无触点控制，以小电流控制大电流，并且不像继电器那样在控制时有火花产生，而且动作快、寿命长、可靠性高。因此，晶闸管被广泛应用于各种电子设备和电子产品的电路中，多作可控整流、逆变、变频、调压、无触点开关等用途。各种双向晶闸管引脚分布如图1-3-6所示。

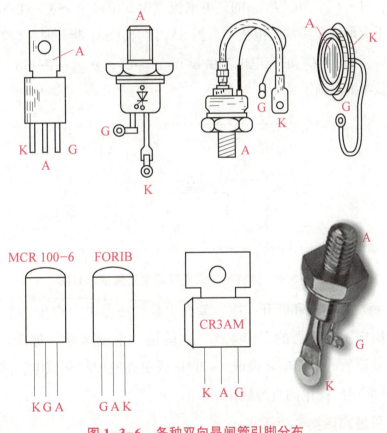

图1-3-6 各种双向晶闸管引脚分布
A—阳极；G—控制极；K—阴极

晶闸管式弧焊逆变器的大功率开关器件为晶闸管，其主电路如图1-3-7所示。主电路由输入整流器UR_1、逆变电路和输出整流器UR_2等组成。主电路的核心部分是逆变电路，它由晶闸管VT_1、VT_2，中频变压器T，电容$C_2 \sim C_5$，电感L_1、L_2等组成，构成"串联对称半桥式"逆变器。为便于了解它的工作原理，可将其简化为对称半桥式逆变器电路，其原理示意图如图1-3-8所示。

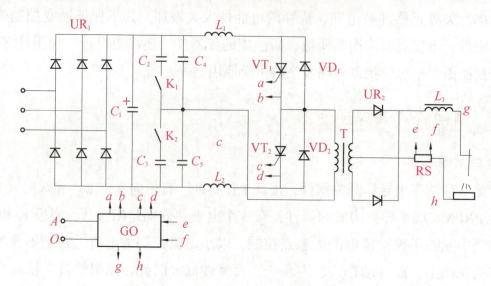

图 1-3-7　晶闸管式弧焊逆变器的主电路

如图 1-3-8 所示，当开关 SA_1（即 VT_1）闭合，而 SA_2（即 VT_2）断开时，电容 $C_{2,4}$ 的放电电流 i_1 由 $C_{2,4}^+ \to SA_1 \to T \to C_{2,4}^-$，电容 $C_{3,5}$ 的充电电流则由 $a(+) \to SA_1 \to T \to C_{3,5}^+ \to C_{3,5}^- \to b(-)$，从而在中频变压器 T 上形成正半波的电流 i_1。当 SA_2 闭合，SA_1 断开时，电容 $C_{3,5}$ 的放电电流 i_2 由 $C_{3,5}^+ \to T \to SA_2 \to C_{3,5}^-$，电容 $C_{2,4}$ 的充电电流由 $a(+) \to C_{2,4}^+ \to C_{2,4}^- \to T \to SA_2 \to b(-)$，从而在中频变压器 T 上形成负半波电流。

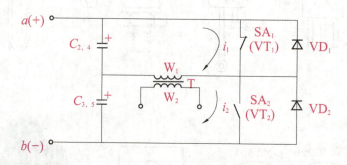

图 1-3-8　对称半桥式逆变器电路原理示意图

这样 SA_1、SA_2 每交替闭合和断开一次，就在中频变压器 T 上产生一个周波的交流电，它们每秒通断的次数决定了逆变器的工作频率，这就是"逆变调频"原理。通过这样的逆变，将三相整流器 UR_1 整流后的直流电转换成 1～2kHz 或更高的中频交流电，然后经中频变压器 T 降压，UR_2 整流，从而得到稳定的直流输出。

2. 外特性控制原理和焊接参数调节

晶闸管式弧焊逆变器的外特性是通过电流、电压负反馈与电子控制电路的配合以改变频率来控制的。

取电流负反馈信号送到电子控制电路，于是随着焊接电流的增大，逆变器的工作频率迅速降低，从而获得恒流外压负反馈，即可得到恒压外特性。若按一定的比例取电流和电压反馈信号，则可得到一定斜率的下降外特性。

晶闸管式弧焊逆变器采用"定脉宽调频率"的调节方法来调节焊接电流，即通过改变晶闸管的开关频率（逆变器的工作频率）来进行调节。

晶闸管式弧焊逆变器的焊接参数调节方法大致有3种，如图1-3-9所示。

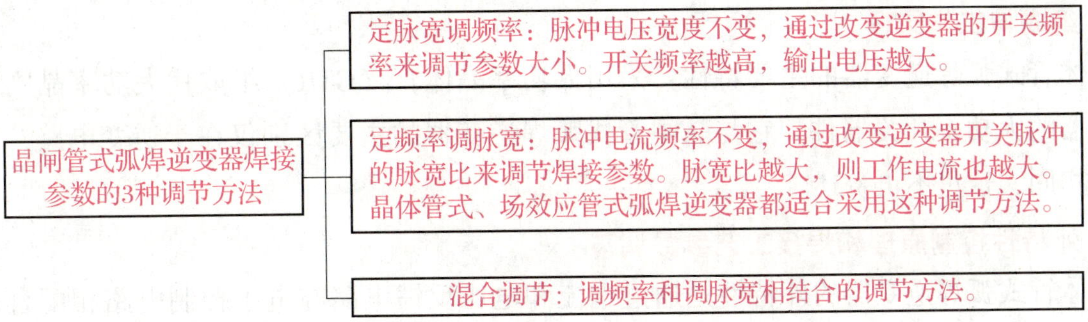

```
                          ┌─ 定脉宽调频率：脉冲电压宽度不变，通过改变逆变器的开关频
                          │   率来调节参数大小。开关频率越高，输出电压越大。
                          │
晶闸管式弧焊逆变器焊接 ────┼─ 定频率调脉宽：脉冲电流频率不变，通过改变逆变器开关脉冲
参数的3种调节方法         │   的脉宽比来调节焊接参数。脉宽比越大，则工作电流也越大。
                          │   晶体管式、场效应管式弧焊逆变器都适合采用这种调节方法。
                          │
                          └─ 混合调节：调频率和调脉宽相结合的调节方法。
```

图1-3-9　晶闸管式弧焊逆变器的焊接参数调节方法

3. 晶闸管式弧焊逆变器的特点

晶闸管式弧焊逆变器采用大功率晶闸管作为开关器件，这种晶闸管技术成熟、容量大，但它本身的开关速度慢。晶闸管式弧焊逆变器具有如下特点：

（1）工作可靠性较高

因为晶闸管的技术成熟，设计者和生产厂家对它的性能、结构特点了解得比较透彻，比较好掌握。

（2）逆变工作频率低

由于晶闸管受到关断时间的制约，逆变工作频率只有数千赫兹，因此，焊接过程存在噪声，并且不利于提高效率和进一步减小质量及体积。

（3）驱动功率低，控制电路比较简单

晶闸管采用较窄的脉冲就可达到触发导通的目的，通常脉冲宽度的幅值在安培级之内。因此，所需触发脉冲功率比较小，它的控制驱动电路相对简单（相对于晶体管式弧焊逆变器而言）。

（4）控制性能不够理想

这是因为晶闸管一旦导通后，只要有足够的维持电流就能一直导通下去。这对于逆变器工作来说却是一个很大的缺点，即关断困难。若关断措施不可靠，则两个交替工作的晶闸管可能同时导通，使网路电源被短路，以致烧坏晶闸管，并使逆变过程失效。

另外，晶闸管的价格相对比较低，有利于降低成本。单管容量大，不必考虑多管并联的复杂技术问题。

晶闸管式弧焊逆变器虽然具有技术成熟、容量大、价格低廉等优点，但存在工作频率低、关断困难和有电弧噪声等问题，因此，在20世纪80年代初出现了工作频率较高、控制特性好的晶体管式弧焊逆变器。

1.3.3 晶体管式弧焊逆变器

1. 组成与工作原理

晶体管式弧焊逆变器的主要特性：采用大功率晶体管（GTR）组取代大功率晶闸管来作为逆变器的大功率开关器件。它与晶闸管式弧焊逆变器的主要区别仅在于逆变电路，其余部分基本相同，这里不再赘述。

2. 外特性控制原理和焊接工艺参数调节

晶体管式弧焊逆变器的外特性是通过电流和电压反馈电路与电子控制电路相配合以改变脉冲宽度来控制的。

如图 1-3-10 所示，分流器 RS 接收电流反馈信号，经过输出检测器 P 与给定电路 G 比较以后，将其差值经放大器 N 放大送到电子控制电路。随着焊接电流的增大，逆变器的脉冲宽度迅速减小，从而可以得到恒流外特性。如果采取电压反馈方式，则可得到恒压外特性。如果按一定的比例取电流和电压反馈信号，便可获得一系列一定斜率的下降外特性。

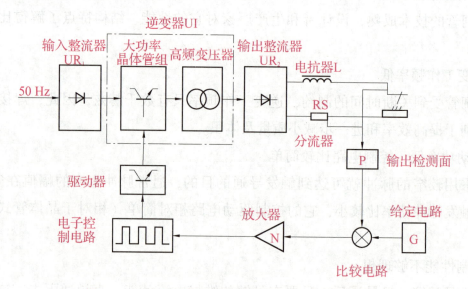

图 1-3-10 晶体管式弧焊逆变器的基本原理框图

晶体管式弧焊逆变器是采用"定频率调脉宽"的方式来调节焊接工艺参数的。当占空比（脉冲宽度与工作周期之比）增大时，焊接电流增大。

3. 晶体管式弧焊逆变器的特点

与晶闸管式弧焊逆变器相比，晶体管式弧焊逆变器具有以下特点：

（1）逆变器的工作频率较高

晶体管式弧焊逆变器的工作频率可达 16kHz 以上，因而既无噪声的影响，又有利于进一步减轻弧焊电源的质量和体积。

（2）采用"定频率调脉宽"的方式调节焊接工艺参数和外特性

晶体管式弧焊逆变器可以无级调节焊接工艺参数，不必分挡调节，操作方便。

（3）控制性能好

晶闸管式弧焊逆变器中晶闸管导通时间的长短不取决于触发脉冲的宽度，而取决于逆变回路的电参数，且关断较麻烦。晶体管式弧焊逆变器采用电流控制，用基极电流控制晶体管的开关，控制性能好，不存在通易关难的问题，而且控制比较灵活，受主电路参数影响较小。

（4）成本较高

晶体管式弧焊逆变器存在明显的缺点：一是晶体管存在二次击穿问题；二是控制驱动功率较大，需要设驱动电路。

1.3.4 矩形波交流弧焊电源

1. 概述

早期在焊接铝和铝合金时都采用交流弧焊电源的钨极氩弧焊机进行焊接。但是，交流弧焊电源的输出电流波形为近似正弦波，电流过零点缓慢，电弧的稳定性较差，正负半波通电时间不可调节，还需增设消除直流分量的装置。特别是对于一些要求较高的焊接工作，如薄铝件焊接、单面焊双面成形、高强度铝合金焊接等，都难以得到令人满意的焊接质量。此外，普通交流弧焊电源不能用于一般的碱性焊条电弧焊。随着大功率半导体器件和电子技术的发展，近20年来，国内外均成功研制和生产出了矩形波交流弧焊电源，并已应用于矩形波交流钨极氩弧焊工艺中。

与正弦波交流电流比较，矩形波交流电流的主要特点是电流过零点时上升与下降的速率高，通过电子控制电路使正、负半波通电时间比和幅值比均可以自由调节，因此矩形波交流弧焊电源通常用于铝及铝合金的焊接。矩形波交流弧焊电源在弧焊工艺上具有以下特点：

1）电弧稳定，电弧过零点时重新引燃容易，不必加装稳弧器。

2）抗干扰能力强。

3）通过调节正、负半波通电时间比，在保证阴极破碎作用的条件下增大正极性电流，可获得最佳的熔深，提高了焊接生产率，并延长了钨极的使用寿命。

4）调节工件上的线能量，更有效地利用电弧力的作用来满足某些弧焊工艺的特殊要求。

5）可以不必采取消除直流分量的措施。

6）应用于碱性焊条电弧焊时，可使电弧稳定、飞溅小。

矩形波交流弧焊电源又称方波交流弧焊电源。根据获得矩形波交流电流的原理和主要器件的不同，矩形波交流弧焊电源可分为晶闸管电抗器式、逆变式、数字开关式和饱和电抗器式4种类型。本书只介绍前两种。

2. 晶闸管电抗器式矩形波交流弧焊电源

晶闸管电抗器式矩形波交流弧焊电源由变压器、晶闸管桥及直流电抗器组成主电路，通过晶闸管桥的开关和直流电抗器的储能作用，把正弦波交流电转变成矩形波交流电。因此，又可以把它称为晶闸管桥直流电感式矩形波交流弧焊电源。

（1）工作原理

晶闸管电抗器式矩形波交流弧焊电源的基本原理框图如图1-3-11所示。

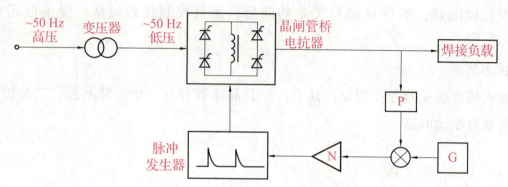

图1-3-11　晶闸管电抗器式矩形波交流弧焊电源的基本原理框图

（2）焊接工艺参数调节

改变给定电路G的给定电压值，即可得到一组外特性曲线，以满足焊接工艺参数调节的要求。如果同时将正、负半波的触发脉冲提前，则晶闸管桥的导通角增大，就可使负载电流增加；反之，可使负载电流减小。如果改变两组晶闸管导通角的比值，则可实现正、负半波电流比的调节，这对于焊缝成形至关重要。

主电路原理图如图1-3-12所示。设在正半波 t_1 时刻触发脉冲使晶闸管 VT_1、VT_3 触发导通，则电弧电流 i_h 的通路为 $a \rightarrow VT_1 \rightarrow L \rightarrow VT_3 \rightarrow$ 电弧 $\rightarrow b$。

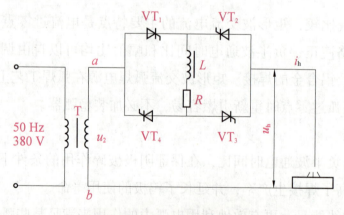

图1-3-12　主电路原理图

（3）外特性控制

晶闸管电抗器式矩形波交流弧焊电源具有接近恒流的外特性，形成这种外特性的主要原因是电流负反馈作用。当电弧电流增加到一定值之后，通过电流负反馈作用使输出电压随着晶闸管桥导通角显著减小而迅速下降，从而获得恒流外特性。如果需要得到恒流外特性或缓降外特性，则要同时取适当比例的电压负反馈，使晶闸管桥的导通角缓慢减小。

3. 逆变式矩形波交流弧焊电源

逆变式矩形波交流弧焊电源的基本原理框图如图1-3-13所示。它由普通直流弧焊电源（图1-3-13中的晶闸管整流器）与晶闸管式弧焊逆变器等组成主电路，通过晶闸管式逆变器把直流电转变成频率,以及正负半波通电时间比和电流比在一定范围内可调节的矩形波交流电。

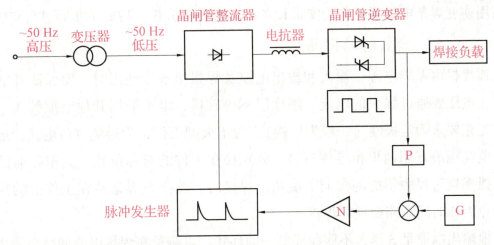

图 1-3-13 逆变式矩形波交流弧焊电源的基本原理框图

(1) 矩形波交流电流的获得原理

逆变式矩形波交流弧焊电源的主电路由变压器、晶闸管整流器和晶闸管逆变器等组成。

工频正弦波交流电经变压器降压和晶闸管整流器整流,成为几十伏的直流电,再经过晶闸管逆变器的开关和转换作用,就成为矩形波交流电。

(2) 外特性控制和焊接参数调节

这种类型的矩形波交流弧焊电源实质上是由通用直流弧焊电源和矩形波交流发生器(逆变器)组成的。其外特性的控制和矩形波交流电幅值的调节是通过直流弧焊电源来实现的。

对于晶闸管式逆变弧焊整流器,可以通过改变晶闸管的导通角来调节直流电压的幅值,即可调节由逆变器输出的矩形波交流电幅值的大小。正、负半波通电时间比和频率则是通过改变逆变器中晶闸管触发脉冲的相位角来调节的。

方波交流弧焊电源主要用于铝及铝合金的焊接,也可用于碱性焊条电弧焊、埋弧焊和等离子弧焊等。

WSE-200G 逆变交直流方波钨极氩弧焊机氩弧(TIG)/手焊两用,可焊碳钢、不锈钢、铝等金属,如图 1-3-14 所示。

图 1-3-14 WSE-200G 逆变交直流方波钨极氩弧焊机

任务实施

下面采用逆变焊条电弧焊机作为实训设备，根据任务分析，按如下步骤进行实施。

步骤一：熟悉逆变式焊接设备

焊条电弧焊机由弧焊电源、输入和输出电缆及焊钳组成。使用时，要保证其电缆接线正确。焊接时，电缆要通过强大的电流，绝缘层不得破损，也不能用其他电缆替代。对于直流焊机，应按工艺要求确定极性（一般为反接）。对于大型工件，为避免直流电弧的磁偏吹，在欲接工件的电缆端最好用两根粗导体过渡，分别接在工件的对称位置上。施焊前设定电流调节旋钮，电弧燃烧过程中不能随意调节旋钮。焊接时，若出现焊条粘在工件上的现象，应尽快脱开，以免因长时间短路而损坏焊机。

应使两根输出电缆呈 S 形，不能盘成整齐的环状，以避免在焊接电流回路中形成附加的电抗线圈，导致焊机的功率因数降低、能耗加大及动特性恶化。

根据所用焊条和焊接工艺要求，选择合适的极性，连接焊钳及母材电缆。使用碱性焊条时的连接方法如图 1-3-15 所示。

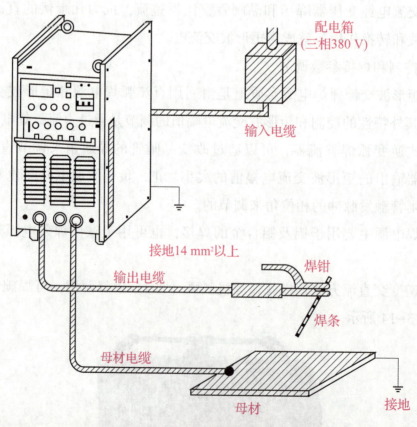

图 1-3-15 使用碱性焊条时的连接方法

步骤二：学习逆变焊条电弧焊机技术操作规程

1. 操作人员的资格要求

1）必须经过安全技术培训，并经考试合格后持证上岗。

2）熟悉急救方法中的人工呼吸法。

3）身体健康，作业时穿戴符合作业防护要求的劳动保护用品。

2. 对工作环境的要求

1）焊机外壳良好接地，接地电阻不大于 4Ω，接地线固定螺栓直径不小于 8mm。

2）电焊机不允许在周围空气温度超过 40℃，相对湿度超过 85%的条件下工作；使用场所应无严重影响电焊机绝缘性能的具有腐蚀性的工业气体、蒸气、盐雾、霉菌、灰尘和其他易燃易爆物品。

3）焊接作业场所应有良好的照明。

4）不宜在雨、雪及大风天气进行露天焊接。如果确实需要，应采用遮蔽、防止触电和防止火花飞溅的措施。

5）在设备运行区进行焊接工作，必须先测量空气中的含氢量，低于 0.4%时方可进行。

3. 逆变焊条电弧焊机的监督或检验的规定

每年或每个实训单元结束后，对焊机进行各项指标的检测。

4. 定期检测准确度和变异性的规定

1）根据焊接质量衡量焊机的能力，如有下降应进行维修。

2）操作人员应根据焊机特性正确操作，作业中注意各参数变化，并做好记录。

5. 日常维护的规定

1）焊机外壳需良好接地，接地截面积不小于 $6mm^2$。

2）焊机连接配电板或专用的电线必须有良好的绝缘，电线截面积必须足够大。

3）焊机和电缆接头处螺钉必须拧紧。

4）工作前，焊机外壳应严禁接地，焊接工作完成前不得随意接地线，并应经常检查接地可靠性。

5）定期用压缩空气吹或吸尘器清理焊机内部。不必打开箱体，清理前应关机并切断电源。

步骤三：熟悉逆变焊条电弧焊机按钮开关的功能

以 WS-250 逆变式手焊/焊弧两用焊机为例，熟悉各按钮开关的功能，如图 1-3-16 所示。

图 1-3-16　WS-250 逆变式手焊/焊弧两用焊机

步骤四：逆变焊条电弧焊机的操作步骤

1. 焊条电弧焊

1) 将手焊/氩弧焊转换开关置于"手焊"位置。

2) 碱性焊条一般为电缆直流负极性接法，即电极接（+），工件接（-）。

3) 合理选择焊接功率范围（包括焊接电流调节和推力电流调节）。

4) 向上合电源开关至"ON"位置，风扇运转，焊机处于空载，会听到"嘀嗒"声。每秒一次，提供开路电压，表示逆变器正常工作。此时可以引弧焊接。

2. 弧焊

1) 将手焊/氩弧焊转换开关置于"氩弧焊"位置。

2) 保证安装正确，一般为电缆直流正极性接法，即电极接（-），工件接（+）。

3) 选择合理的焊接电流。

4) 向上合电源开关至"ON"位置，风扇开始运转。

5) 经预送气 0~5s，高压脉冲引弧器提供约每秒 4 次的高压脉冲，开始引弧焊接。

6) 焊接完毕，电弧电流自动衰减。在电弧熄灭后，保护气体自动提供 1~10s 后自动停止。焊完后，应让机内风扇继续运行片刻，以排除机内热量。

注意：逆变焊条电弧焊机与普通电焊机的焊枪（或焊钳）完全一致，焊接方法相同。

步骤五：逆变焊条电弧焊机的维修

1. 准备工作

（1）心理准备

1) 有严谨的科学态度。

2) 抗压能力要强。

3) 积极思考。

4) 热爱此行业，有钻研精神。

（2）物质准备

1) 数字万用表、机械万用表各一块。

2）示波器。

3）电桥（非必需品）。

4）机型资料。

5）PC（个人计算机）。

6）螺钉旋具、钳子、电烙铁、焊锡等。

7）三相电源。

(3) 专业知识准备（最低门槛）

1）熟悉电阻、电容及其他各类常用元器件。

2）熟悉基本数电、模电知识。

3）了解常用功率变化电路的工作原理（半桥、全桥、单端等）。

4）熟悉各类元器件的测量方法。

2. 维修步骤

(1) 初接故障机

1）询问故障情况，如不清楚，切勿送电加重故障。

2）判断该机线路自己是否熟悉。

(2) 开机检查

1）检查有无明显烧损、断裂及硬性机械问题。

2）根据故障现象首先排查可疑度最大的部分。

(3) 诊断步骤

1）判断故障问题出现在主回路还是辅助电路。

2）如果问题出在主回路，应细心检查，更换损坏元器件，确认无误方可送电。

3）如果问题出在辅助电路，应切断主回路和辅助电路公共电源端，以防止维修过程中造成主电路损坏（可单加辅电）。

4）对于混合型故障，如果功率器件击穿，那么驱动电路部分也会受损，此时应先修理控制部分，后修理主回路部分。

(4) 主回路故障检测

普通逆变焊机功率变换过程一般为整流—逆变—二次整流。

整流部分故障的普遍现象：送电不能跳闸，功率器件无直流母线电压或电压不正常，开机无反应。

逆变部分（元器件损坏）故障的现象较易从外观发现。

二次整流部分元器件较单一，容易测量，大部分可以直接从输出端子进行测量，看是否存在短路、开路或压降不正常现象。MOSFET及IGBT的测量应注意区分沟道。

任务评价

请根据表 1-3-2 和表 1-3-3，对任务的完成情况进行评价。

1）填写逆变电源手工弧焊设备报告单（见表 1-3-2）。

表 1-3-2 逆变电源手工弧焊设备报告单

考核内容		考核等级					总评
		优	良	中	及格	不及格	
铭牌上各参数的意义							
焊钳							
焊条类别							
焊接电源	电源型号						
	电源外特性						
控制系统							
焊前准备演示							
焊接过程演示							
关机演示							

2）填写任务完成情况评估表（见表 1-3-3）。

表 1-3-3 任务完成情况评估表

任务名称			时间		
一、综合职业能力成绩					
评分项目	评分内容	配分	自评	小组评分	教师评分
任务完成	完成项目任务，功能正常等	60			
操作工艺	方法步骤正确，动作准确等	20			
安全生产	符合操作规程，人员设备安全等	10			
文明生产	遵守纪律，积极合作，工位整洁	10			
总分					
二、训练过程记录					
参考资料选择					
操作工艺流程					
技术规范情况					
安全文明生产					

续表

完成任务时间				
自我检查情况				
三、评语	自我整体评价		学生签名	
	教师整体评价		教师签名	

思考与练习

判断题

1. 为焊接电弧提供电能，并具有弧焊方法所要求性能的逆变器，即为逆变控制弧焊电源。（　　）

2. 交流—直流之间的变换称为逆变，实现这种变换的装置称为逆变器。（　　）

3. 逆变控制弧焊电源具有节省材料和电能等优点，因此，它是一种很有发展前途的新型弧焊电源。（　　）

4. 弧焊逆变器主电路供电系统输入端的滤波器包括低通滤波器和整流滤波器。（　　）

5. 晶闸管式弧焊逆变器虽然具有晶闸管生产技术成熟、管子容量大、价格低廉等优点，但存在工作频率低、关断难和有电弧噪声等问题。（　　）

6. 与晶闸管（SCR）式弧焊逆变器相比，晶体管（GTR）式弧焊逆变器的优点是提高了逆变频率，有利于提高效率，减小电源的体积和质量。（　　）

7. 与 GTR 式弧焊逆变器相比，MOSFET 式弧焊逆变器控制功率极大。（　　）

8. IGBT 和 GTR 式逆变器外特性的获得与控制都采用"定频率调脉宽"的调节方式。（　　）

9. 与 MOSFET 式弧焊逆变器相比，IGBT 式弧焊逆变器的饱和压降比较高，有利于减少逆变器的功率损耗。（　　）

10. MOSFET 式和 IGBT 式主电路分别采用大功率 MOSFET 和 IGBT 组，取代功率开关晶体管。（　　）

11. 矩形波交流电流在弧焊工艺上具有电弧稳定、电弧过零点时重新引燃容易、不必加装稳弧器等优点。（　　）

12. 矩形波交流电流在弧焊工艺上具有抗干扰能力弱的问题。（　　）

13. 矩形波交流电流在弧焊工艺上采取可以消除直流分量的措施。（　　）

14. 矩形波交流电流应用于碱性焊条电弧焊时，可使电弧稳定、飞溅小。（　　）

15. 矩形波交流弧焊电源又称方波交流弧焊电源。（　　）

焊工（中级）职业技能鉴定模拟题

单项选择题

1. 下面的弧焊电源中，能耗高的是(　　)。

A. 弧焊变压器　　　B. 弧焊整流器　　　C. 弧焊发电机　　　D. 逆变弧焊电源

2. 下面的弧焊电源中，能耗低的是（　　）。

A. 弧焊变压器　　　B. 弧焊整流器　　　C. 弧焊发电机　　　D. 逆变弧焊电源

任务1.4　脉冲弧焊电源的结构与使用

学习目标

1. 知识目标

1）掌握钨极脉冲焊的基本原理和主要焊接参数。

2）掌握钨极脉冲氩弧焊电源的特点及应用范围。

3）了解钨极脉冲氩弧焊电源的内部结构及其维护、保养方法。

2. 技能目标

1）掌握钨极脉冲氩弧焊电源的操作方法。

2）能够使用钨极脉冲氩弧焊电源对非铁合金实施焊接。

3. 素养目标

1）具备爱岗敬业、团结协作和注重安全生产的基本素质。

2）拥有制订工作计划，具备选择完成工作任务的策略、方法的能力，能够开展自主学习、合作学习，能够查找资料、标准和规程，并在工作中实际应用。

任务描述

通过对脉冲弧焊电源结构的观察，了解脉冲弧焊电源的组成、特点及应用范围，掌握脉冲弧焊电源的类型、安全操作规程及劳动保护要求。

任务分析

本任务学习脉冲弧焊电源的结构及使用方法。通过学习，学生应了解常用的脉冲弧焊电源的功能特点及控制系统等部分的组成；掌握脉冲弧焊电源的使用、维护方法与安全操作规程及劳动保护要求，能够从实际应用的角度学习钨极脉冲氩弧焊电源的有关知识。

必备知识

1.4.1 脉冲弧焊电源概述

在生产实践中,对于薄板和热敏感性强的金属材料的焊接及全位置施焊等工艺,若采用一般电流进行焊接,则在熔滴过渡、焊缝成形、接头质量及工件变形等方面往往不够理想。然而,采用脉冲电流进行焊接,可以精确地控制焊缝的热输入,使熔池体积及热影响区减小,高温停留时间缩短,对普通金属、稀有金属及热敏感性强的金属都有较好的焊接效果。用脉冲电流焊接能较好地控制熔滴过渡,可以用低于喷射过渡临界电流的平均电流来实现喷射过渡,对全位置焊接有独特的优越性。脉冲焊缝如图1-4-1所示。

图1-4-1 脉冲焊缝

1. 脉冲弧焊电源的特点及应用范围

脉冲弧焊电源与一般弧焊电源的主要区别在于其所提供的焊接电流是周期性、脉冲式的,包括基本电流(焊接电流或维弧电流)和脉冲电流。脉冲弧焊电源的其他可调参数包括脉冲频率(脉冲周期的倒数)、脉冲幅度(宽度)、电流上升速度和下降速度等。另外,其还可以变换脉冲电流波形,以适应焊接工艺的要求。脉冲参数示意图如图1-4-2所示。

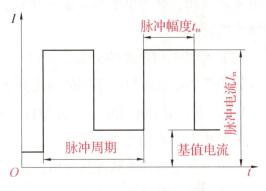

图1-4-2 脉冲参数示意图

基于以上特点,脉冲弧焊电源主要适用于以下场合:
1) 各种气体保护焊、等离子弧焊等。
2) 超薄板(厚度仅为几十微米)的焊接。
3) 普通电弧焊难以胜任的、对热敏感性强的高合金钢或稀有金属的焊接。
4) 全位置自动化焊接。
5) 单面焊双面成形、封底焊等。

2. 脉冲电流的获得方法和脉冲弧焊电源的分类

(1) 脉冲电流的获得方法

获得脉冲电流的方法归纳起来有以下4种:

1) 利用硅二极管的整流作用获得脉冲电流。这类脉冲弧焊电源采用硅二极管提供脉冲电流,可获得100Hz和50Hz两种频率的脉冲电流。

2) 利用电子开关获得脉冲电流。它是在普通直流弧焊电源直流侧或交流侧接入大功率晶闸管,分别组成晶闸管交流断续器或直流断续器,利用它们的周期性通、断获得脉冲电流。

3）利用阻抗变换获得脉冲电流。

①变换交流侧阻抗值，使三相阻抗 z_1、z_2、z_3 数值不相等而获得脉冲电流。

②变换直流侧电阻值，采用大功率晶体管组来获得脉冲电流。在这里，大功率晶体管组既可工作在放大状态，起变换电阻值的作用；又可工作在开关状态，起开关作用。

4）利用给定信号变换和电流截止反馈获得脉冲电流。

①给定信号变换式。在晶体管式弧焊逆变器、晶闸管式弧焊逆变器的控制电路中，把脉冲信号指令送到给定环节，从而在主回路中可得到脉冲电流。

②电流截止反馈式。通过周期性变化的电流截止反馈信号，使晶体管式弧焊逆变器获得脉冲电流输出。

然而，用上述方法获得的脉冲电流波形是不连续的。为了使电弧不在脉冲电流休止时熄灭，需采取相应措施或用另一电源来产生基本电流，以维持电弧连续、稳定的燃烧。因此，脉冲弧焊电源可以由脉冲电流电源和基本电流电源并联构成，称为双电源式；也可以采用一台电源来兼顾，称为单电源式或一体式，这时需通过切换它的两条外特性线来分别满足脉冲和维弧的需求。

（2）脉冲弧焊电源的分类

脉冲弧焊电源可以按不同的角度分类，常见的分类方法如下。

1）按获得脉冲电流的主要元器件不同，脉冲弧焊电源可分为如下 4 种：

①单相整流式脉冲弧焊电源。

②磁饱和电抗器式脉冲弧焊电源。

③晶闸管式脉冲弧焊电源。

④晶体管式脉冲弧焊电源。

2）按获得脉冲电流方法的不同，脉冲弧焊电源可分为如下 3 种：

①交流断续器式（单相整流式、单相半控整流式和交流开关式）脉冲弧焊电源；

②直流断续器式（RC 充放电式、辅助电源充电式，派生的辅助电源充电式、变压器充电式、LC 振荡式和主电源短路式）脉冲弧焊电源。

③阻抗变换式（单相不平衡式、磁放大器式和晶体管式）脉冲弧焊电源。

1.4.2 脉冲弧焊电源的工作原理

1. 单相整流式脉冲弧焊电源

脉冲弧焊电源控制线路一般比较复杂，维修难度大，在工艺要求较高的场合才宜应用。而结构简单、使用可靠的单相整流式脉冲弧焊电源可应用于一般性场合。单相整流式脉冲弧焊电源采用单相整流电路提供脉冲电流，常见的有并联式、差接式和阻抗不平衡式 3 种。

（1）并联式单相整流脉冲弧焊电源

并联式单相整流脉冲弧焊电源由一台普通直流弧焊电源提供基本电流 i_j，用另一台有中心抽头的单相变压器和硅二极管组成的单相整流器与其并联，提供脉冲电流 i_m。其电路原理如图 1-4-3 所示。

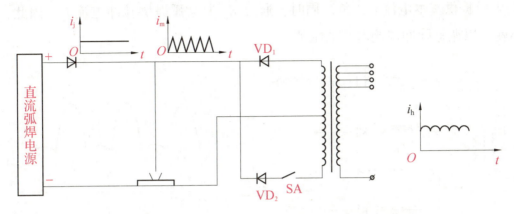

图 1-4-3　并联式单相整流脉冲弧焊电源的电路原理

当开关 SA 断开时为半波整流，脉冲电流频率为 50Hz；当开关 SA 闭合时为全波整流，脉冲电流频率为 100Hz。改变变压器抽头，可以调节脉冲电流的幅值。如果采用晶闸管代替硅二极管构成整流电路，还可以通过控制触发信号的相位来调节脉冲宽度，从而调节脉冲的幅度，用以对脉冲电流进行细调。

这种脉冲弧焊电源结构简单，基本电流和脉冲电流可以分别调节，使用方便可靠，成本低。但是，它的可调参数不多，且会相互影响，所以其只适用于一般要求的脉冲弧焊工艺。

（2）差接式单相整流脉冲弧焊电源

差接式单相整流脉冲弧焊电源的电路原理及电流波形如图 1-4-4 所示。它的工作原理与并联式单相整流脉冲弧焊电源基本相同，只是不用带中心抽头的变压器，而改用两台二次电压和容量不同的变压器组成单相半波整流电路，再反向并联而成。这两台变压器在正、负半周交替工作，二次电压较高的变压器提供脉冲电流，二次电压较低的变压器提供基本电流。调节 u_1 和 u_2 时（它们可分别调节，互不影响），即可改变基本电流和脉冲电流的幅值及脉冲焊接电流的频率。当 $u_1 \ne u_2$ 时，脉冲电流频率为 50Hz；当 $u_1 = u_2$ 时，脉冲电流频率为 100Hz。

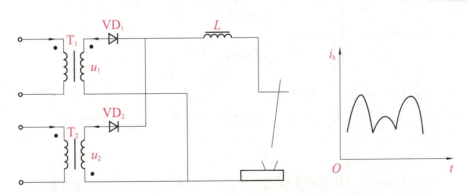

图 1-4-4　差接式单相整流脉冲弧焊电源的电路原理及电流波形

这种脉冲弧焊电源的两个电源都具有平特性，用于等速送丝熔化极脉冲弧焊时，具有电弧稳定、使用和调节方便的特点；但其制造较复杂，专用性较强。

（3）阻抗不平衡式单相整流脉冲弧焊电源

阻抗不平衡式单相整流脉冲弧焊电源的电路原理及电流波形如图1-4-5所示。它采用正、负半周阻抗不相等的方式获得脉冲电流。图1-4-5中，阻抗Z_1、Z_2大小不相等。正半周时，通过Z_1为电弧提供基本电流i_1；负半周时，通过Z_2为电弧提供脉冲电流i_2。因此，改变Z_1、Z_2的大小就可以调整脉冲焊接电流的幅值。

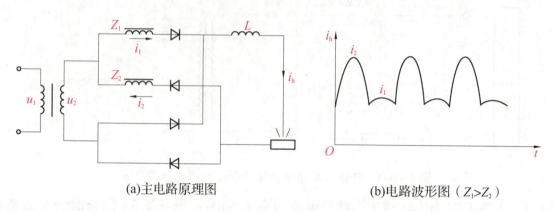

(a) 主电路原理图　　　　　　(b) 电路波形图（$Z_1 > Z_2$）

图1-4-5　阻抗不平衡式单相整流脉冲弧焊电源的电路原理及电流波形

这种脉冲弧焊电源具有使用简单、可靠的特点，单脉冲频率和宽度不可调节，应用范围受到一定限制。

2. 磁饱和电抗器式脉冲弧焊电源

磁饱和电抗器式脉冲弧焊电源与磁饱和电抗器式弧焊整流器十分相似，它是利用特殊结构的磁饱和电抗器来获得脉冲电流的。

（1）阻抗不平衡型磁饱和电抗器式脉冲弧焊电源

阻抗不平衡型磁饱和电抗器式脉冲弧焊电源的主电路如图1-4-6所示。它通过使三相磁饱和电抗器中某一相的交流感抗增大或减小，引起输出电流有一相不同于另外两相，从而获得周期性脉冲输出电流。另外，也可以通过三相电压不平衡来获得脉冲电流。

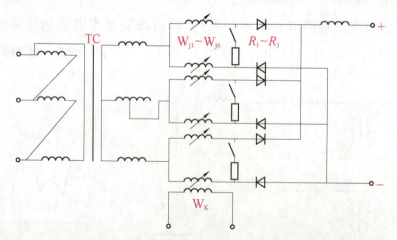

图1-4-6　阻抗不平衡型磁饱和电抗器式脉冲弧焊电源的主电路

（2）脉冲励磁型磁饱和电抗器式脉冲弧焊电源

脉冲励磁型磁饱和电抗器式脉冲弧焊电源的主电路如图1-4-7所示。其主电路与普通磁饱和电抗器式弧焊整流器相同，但其励磁电流i_h不是稳定的直流电流，而是采用了周期性变化的脉冲电流，使 X_L 随着 i_h 周期性变化而变化，从而获得周期性的脉冲焊接电流。

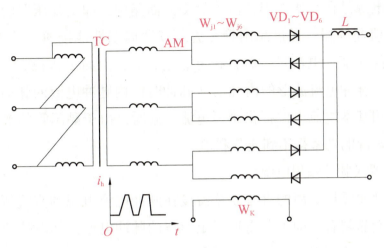

图 1-4-7　脉冲励磁型磁饱和电抗器式脉冲弧焊电源的主电路

综上所述，磁饱和电抗器式脉冲弧焊电源是利用特殊结构的磁饱和电抗器来获得脉冲电流的，它具有以下特点：

1）脉冲电流与基本电流取自同一台变压器，属于一体式，故结构简单、体积小。

2）通过改变磁饱和电抗器的饱和程度，可以在焊前或在焊接过程中无级调节输出功率，因而调节工艺参数容易，使用方便。

3）这种弧焊电源具有控制功率小，可以方便地利用磁饱和电抗器式弧焊整流器进行改装，可做到一机多用，电流大小和波形调节方便等优点。

4）磁饱和电抗器时间常数大，反应速度慢，使输出脉冲电流的频率受到一定限制，一般在 10Hz 以下，因此，常用作非熔化极气体保护焊的电源。

3. 晶闸管式脉冲弧焊电源

晶闸管式脉冲弧焊电源按获得脉冲电流的方式不同，可分为晶闸管给定值式脉冲弧焊电源和晶闸管断续器式脉冲弧焊电源两类。晶闸管给定值式脉冲弧焊电源的主回路与晶闸管式弧焊整流器相同，但在控制电路中比较环节的给定值（电压信号）不是恒定的直流电压，而是脉冲电压，弧焊整流器的输出电流也相应地为脉冲电流，即焊接脉冲电流是由脉冲式给定电压控制的，这就是所谓的给定信号变换式脉冲弧焊电源。当脉冲式给定电压为高幅值时，主电路将输出相应幅值的脉冲电流，这类脉冲弧焊电源的脉冲频率调节范围较小，应用受到一定的限制；当脉冲式给定电压为低幅值时，主电路则输出与其相应的基本电流，这类脉冲弧焊电源应用较广。

晶闸管断续器式脉冲弧焊电源主要由直流弧焊电源和晶闸管断续器两部分组成。从本质上说，晶闸管断续器在脉冲弧焊电源中所起的作用相当于开关。晶闸管断续器式脉冲弧焊电源正是依靠这种开关作用，把直流弧焊电源供给的连续直流电流，切断变为周期性间断的脉冲电流。

晶闸管断续器式脉冲弧焊电源可分为交流断续器式和直流断续器式两种。

(1) 交流断续器式脉冲弧焊电源

这种脉冲弧焊电源是在普通弧焊整流器的交流回路中,即主变压器的一次侧或二次侧回路中串入晶闸管交流断续器,通过晶闸管交流断续器周期性地接通与关断,获得脉冲电流。晶闸管交流断续器能保证在电流过零时自行可靠地关断,因而工作稳定、可靠。但是它也存在一些缺点,如输出脉冲电流波形的内脉动(脉冲时间内脉冲电流的脉动)很大,施焊工艺效果不够理想,需用基本电流电源提供维弧电流。同时,由于晶闸管的触发相位受弧焊电源功率因数的限制,电源的功率得不到充分利用。

(2) 直流断续器式脉冲弧焊电源

直流断续器式脉冲弧焊电源的直流断续器接在脉冲电流电源的直流侧,起开关作用。按一定周期触发和关断晶闸管,即可获得近似矩形波的脉冲电流,其内脉动大小与直流弧焊电源的种类有关。这种脉冲弧焊电源的电流通断容量可达数百安培,频率调节范围广,电流波形近似矩形,焊接工艺效果较好,可在较高频率下工作,并能较精确地控制熔滴过渡。

这种采用直流断续器的脉冲弧焊电源,在不熔化极氩弧焊、熔化极氩弧焊、等离子弧焊和微束等离子弧焊,以及全位置窄间隙焊中得到了较为广泛的应用。

晶闸管直流断续器式脉冲弧焊电源按供电方式不同,还可分为单电源式和双电源式两种,下面分别介绍。

1) 单电源式脉冲弧焊电源。这种脉冲弧焊电源主要由直流弧焊电源、晶闸管直流断续器 VT、电阻箱 R 组成,如图 1-4-8 所示。基本电流和脉冲电流都由直流弧焊电源提供,但电流的流通路径不同。基本电流通过电阻箱 R 流出,而脉冲电流通过晶闸管直流断续器 VT 流出。当 VT 断开(即晶闸管断开)时,电源通过电阻箱 R 提供基本电流;当 VT 闭合(即晶闸管导通)时,R 被短路,电源通过 VT 提供脉冲电流。改变 VT 断开和闭合的时刻,可调节脉冲频率和脉冲宽度比;改变直流弧焊电源的输出和 R 的大小,可调节基本电流的大小和脉冲电流的幅值。

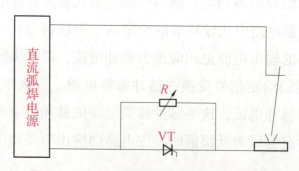

图 1-4-8 单电源式脉冲弧焊电源示意图

单电源式脉冲弧焊电源具有结构简单、电源利用率高、成本低等优点。但它是利用电阻限流来提供基本电流的,工作中电能损耗较大,且不利于基本电流和脉冲电流的分别调节。

2) 双电源式。这种弧焊电源与单电源式的主要差别是其采用两个电源供电,如图 1-4-9 所示。它由并联工作的两个电源供电。基本电流由一台额定电流较小的直流电源提供,脉冲电流则由另一台额定电流较大的直流电源提供。晶闸管直流断续器串入脉冲电流的供电回路中，控制脉冲电流的通与断。

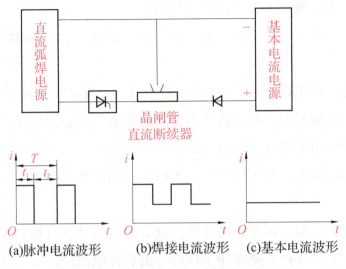

图 1-4-9 双电源式脉冲弧焊电源示意图

这种脉冲弧焊电源采用双电源供电，因而基本电流和脉冲电流可以分别调节，可调参数多，小电流时电弧也较稳定。但其结构复杂，电源利用率低，故较少采用。

1.4.3 IGBT 脉冲弧焊电源

1. 逆变直流脉冲钨极氩弧焊机面板

近年来，大电流焊接通常采用 IGBT 控制方式的焊接电源。例如，唐山松下产业机器有限公司生产的 TX-315 逆变直流脉冲钨极氩弧焊机，具有手工焊、直流 TIG 焊两种功能，可焊接碳钢、不锈钢、合金钢、铜等多种金属材料。其调节面板如图 1-4-10 所示。

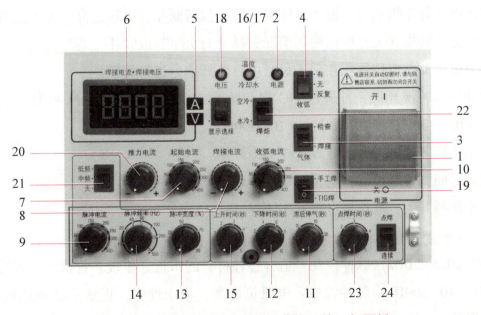

图 1-4-10 焊接显示及电流调节旋（按）钮面板

图1-4-10中各序号的含义如下。

1) 断路器：电源开关。

2) 电源指示灯：当电源开关为"ON"时点亮。

3) 气体转换开关：在正常焊接时将此开关置于"焊接"挡，调整气体流量时将此开关置于"检查"挡。

4) 收弧转换开关：在TIG焊时，收弧"有""无""重复"由此开关控制。

5) 电流电压显示转换开关：控制数显表显示输出电流或输出电压值。

6) 数显表：显示输出电流或输出电压值。

7) 起始电流调整电位器：在TIG焊时，当收弧控制设置在"有"或"重复"挡时，可调整起始电流的大小。

8) 焊接电流调整电位器：调整焊接电流，设定值由数显表直接显示。

9) 脉冲电流调整电位器：调整脉冲TIG焊时的脉冲电流。

10) 收弧电流调整电位器：TIG焊时，收弧控制设置在"有"或"重复"挡时，可对收弧电流进行调整。

11) 滞后停气时间调整电位器：调整TIG焊结束后的滞后停气时间。

12) 下降时间调整电位器：TIG焊时，调整由焊接电流转换为收弧电流的时间。

13) 脉冲宽度调整电位器：脉冲TIG焊时，调整脉冲宽度。

14) 脉冲频率调整电位器：调整脉冲TIG焊时的脉冲频率。

15) 上升时间调整电位器：TIG焊时，调整由初期电流转换为焊接电流的时间。

16) 冷却水异常指示灯：水冷焊接时，如果冷却水路异常，该灯亮。

17) 温度异常指示灯：焊接电源内部温度过高时，该灯亮。

18) 输入电压异常指示灯：输入电压异常时，包括断相、电压过高、电压过低，该灯亮。

19) 焊接方法转换开关：根据使用情况选择"TIG焊"或"手工焊"。

20) 推力电流调整电位器：在手工焊时可对电弧推力进行调整。

21) 脉冲频率转换开关：可进行TIG焊和脉冲TIG焊的切换，在脉冲TIG焊时，还可选择低频脉冲（0.5~30Hz）和中频脉冲（10~500Hz）。

22) 焊炬选择开关：选择水冷焊枪或空冷焊枪。

23) 点焊时间调整电位器：调整TIG点焊时的点焊时间。

24) 焊接选择开关：可选择点焊或连续焊。

2. TX-315逆变直流脉冲钨极氩弧焊机的特点

1) 低频（0.5~30Hz）脉冲控制：适合各种材料的中板、厚板、管状全位置的焊接。

2) 中频（10~500Hz）脉冲控制：电弧挺度高，集中性好，更适合各种热敏材料热强材料、薄板的焊接。

3) 起始电流、脉冲电流、基值电流、收弧电流、脉冲频率和脉冲宽度等均可连续调节。

4）采用高频引弧，引弧成功率高。

5）具有 TIG 电弧点焊功能。

6）手工焊时具有电弧推力调节功能，引弧容易，不粘焊条，电弧挺度好。

TX-315 逆变直流脉冲 TIG 焊机参数见表 1-4-1。

表 1-4-1　TX-315 逆变直流脉冲钨极氩弧焊机参数

项目		单位	型号 TX-315
额定输入电压		V	380
相数		相	3
输入电压范围		V	380（1±10%）
电源频率		Hz	50
额定输入容量	TIG	kV·A	10.2
	手工焊		13.2
额定输入功率	TIG	kW	9.5
	手工焊		12.5
额定空载电压		V	78
焊接电流范围		A	4~315
		A	20~315
初期电流		A	4~315
脉冲电流		A	4~315
收弧电流		A	4~315
额定焊接电压	TIG	V	22.6
	手工焊	V	32.6
额定负载持续率		%	60
控制方式			IGBT 逆变控制
冷却方式			强制风冷
高频发生装置			火花发生器
提前送气时间		s	0.3
滞后停气时间调整范围		s	2~20（连续调整）
上升时间调整范围		s	0.1~5
下降时间调整范围		s	0.2~10
脉冲频率调整范围	中频	Hz	10~500
	低频	Hz	0.5~30
脉冲占空比调整范围		%	5~95

续表

项目	单位	型号 TX-315
收弧控制方式		收弧"有""无""反复"3种方式
外形尺寸（W×H×D）	mm	288×580×600
质量	kg	43
绝缘等级		H级
外壳防护等级		IP21S

对于 TX-315 逆变直流脉冲钨极氩弧焊机，在使用时需要注意以下两点：

1）上升时间、下降时间为 0s 时，需将控制线路板（P板）TSM9621 上的开关 SW2（SLOPE）从"ON"切换至"OFF"（出厂设定在"ON"位置）。

2）将控制线路板（P板）TSM9621 上的开关 SW1（V.R.D）从"OFF"切换至"ON"，即开关设置为防电击功能。其中，"OFF"为无防电击功能；"ON"为有防电击功能（此开关出厂时置于"OFF"处）。

任务实施

下面以唐山松下 TX-315 逆变直流脉冲钨极氩弧焊机为例进行实训操作，其外形如图 1-4-11 所示。

钨极脉冲氩弧焊机主要分为直流和交流两种，它们分别适用于以下场合。

1. 直流脉冲钨极氩弧焊机

这种焊机的焊缝受氩气保护，既可减少缺陷，又可提高接头的力学性能。施焊时，可使用小电流（20A 以下），适用于打底焊或薄壁精密件等的熔焊。其缺点是效率低，成本高。这种焊机在实际生产中主要用于以下构件的焊接：

1）各种碳素结构钢、合金结构钢及不锈钢小直径管子对接打底焊或薄壁管对接。

2）各类高合金钢设备精密内件的焊接，小直径管子对接与壳体焊接。

3）钛及钛合金、镍及镍合金、锆及锆合金等材料的焊接。

4）各种材料的换热器中换热管与管板的焊接。

2. 交流脉冲钨极氩弧焊机

这种焊机的特点是电弧对工件表面有"阴极雾化"作用，焊接中能有效清除活性金属工件焊缝表面的氧化膜，减少焊缝中的氧化物夹杂，全面提高焊缝的质量。因此，它特别适用

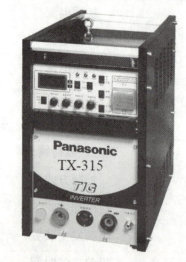

图 1-4-11 TX-315 逆变直流脉冲钨极氩弧焊机的外形

于铝及铝合金、镁及镁合金构件、储罐、换热器等的焊接。

步骤一：熟悉 TX-315 直流脉冲钨极氩弧焊机的内部结构及用电参数

将焊机两侧和顶盖打开，按照图 1-4-12 中的数字，找出部件名称及所在位置。

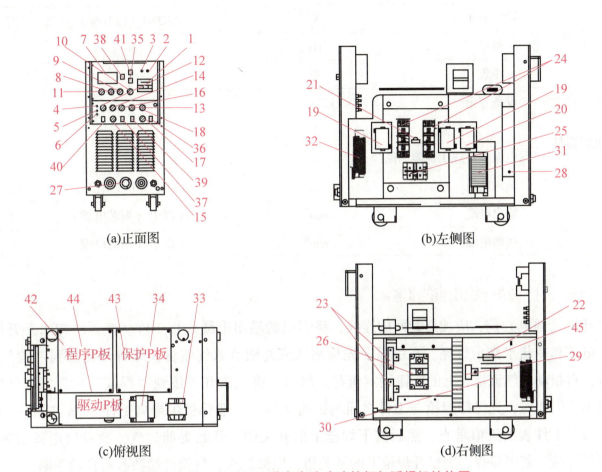

图 1-4-12 TX-315 逆变直流脉冲钨极氩弧焊机结构图

1—断路器；2—电源指示灯；3—异常指示灯；4—冷却水异常指示灯；5—温度异常指示灯；6—输入电压异常指示灯；7—数显表；8—焊接电流调整电位器；9—脉冲电流调整电位器；10—收弧电流调整电位器；11—起始电流调整电位器；12—上升时间调整电位器；13—下降时间调整电位器；14—脉冲频率调整电位器；15—推力电流调整电位器；16—脉冲宽度调整电位器；17—点焊时间调整电位器；18—滞后停气时间调整电位器；19，20—电容；21—热继电器；22，23—电阻；24—IGBT；25—整流桥；26—二极管模块；27—炬开关插座；28—风扇；29—CT；30—主变压器；31—电抗器；32—耦合线圈；33—控制变压器；34—控制变压器；35—收弧转换开关；36—焊接选择开关；37—脉冲频率转换开关；38—显示转换开关；39—焊炬转换开关；40—焊接方法转换开关；41—气体检查开关；42—程序 P 板；43—保护 P 板；44—驱动 P 板；45—高频 P 板。

TX-315直流脉冲钨极氩弧焊机用电参数见表1-4-2。

表1-4-2 TX-315直流脉冲钨极氩，弧焊机用电参数

项目		单位	焊机型号 TX-315
输入电压		V	AC380（1±10%）
频率		Hz	50
相数		相	3
设备容量		kV·A	20以上
配电箱容量	保险	A	30
	漏电保护器或无保险断路器	A	30
输入电缆		mm²	6以上（铜芯电缆）
输出电缆		mm²	38以上（铜芯电缆）
接地电缆		mm²	14以上（铜芯电缆）

步骤二：做好使用前的准备

开机（通电）前，应接好其间的连线，将焊机的输出电缆线接工件。接通冷却水并开机后，电源和冷却水指示灯亮。在引弧前先检测气流并调节氩气流量，即将开关拨到"检气"位置，再扭动氩气流量表上的旋钮设定流量。然后，将气流开关拨到"焊接"位置，氩气停止流出。引弧时，先保持焊枪与工件之间的距离适当（一般钨极尖端离工件3mm左右），并使钨极与工件表面近似垂直，然后按下焊枪上的开关钮，开始提前送气，数秒后电弧引燃，可进行焊接。若要停焊，则松开焊枪上的开关钮，电弧熄灭，气流持续数秒后自动关断。

进行钨极氩弧焊时，调定适当的氩气流量至关重要。流量过小，不利于引弧和电弧稳定，焊缝保护不良；流量过大，电弧空间散热太快，既不利于电弧稳定，又造成浪费。此外，应经常检查易烧损的钨极端部形状，因为它对引弧、稳弧及偏弧有重要的影响。对于直流焊的钨极头部应修磨锥顶部为尖状，对于交流焊的钨极头部则应修磨锥顶部为半球状。

1. 电源设备和连接电缆焊接电源

1）连接电缆时，须关闭配电箱开关。

2）每台焊机应单独配备配电箱并使用规定大小的保险（漏电保护器或无保险断路器）。

3）焊接电源的输入电缆超过10m时，其截面积不应小于10mm²。

4）如果使用发电机，其容量应为该机容量2倍以上。动力电和接地情况如图1-4-13所示。

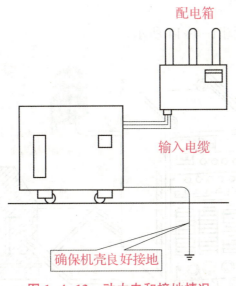

图 1-4-13　动力电和接地情况

2. 焊接工作所需辅具和材料准备

（1）TIG 焊

1）TIG 焊枪。

2）焊接用氩气（纯度大于 99.9%）。

3）氩气调节器。

4）气管组件（3m）。

5）母材侧电缆。

（2）手工焊

1）焊钳；

2）母材侧电缆。

3. 焊机使用环境和放置条件

1）干燥无尘的室内。

2）无阳光直射。

3）周围温度。

①焊接时 $-10℃ \sim +4090℃$；

②运输和存储时 $-25℃ \sim +559℃$。

4）空气相对湿度。

①在 40℃ 时相对湿度小于 50%。

②在 20℃ 时相对湿度小于 90%。

③与墙面的间隔至少为 20cm，两台或两台以上焊机一起并排放置使用时，焊机之间的间隔至少为 30cm。

④无异常的振动和冲击。

⑤无油蒸气或有害的腐蚀性气体。

4. TIG 焊接连接方法

TIG 焊接（水冷焊枪）如图 1-4-14 所示。

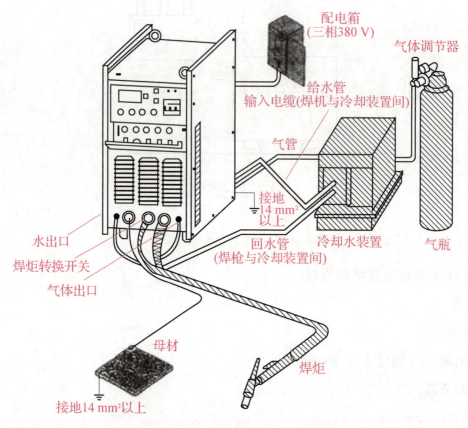

图 1-4-14　TIG 焊接（水冷焊枪）

注意：使用水冷焊炬时，请将外接水源或冷却水循环装置的水流量设定为焊枪的额定流量（1L/min 以上），若冷却水达不到一定流量（0.7L/min 以上），焊机将不工作，异常指示灯（冷却水）亮灯。冷却水循环示意图如图 1-4-15 所示。

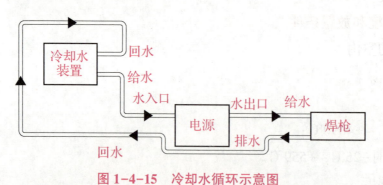

图 1-4-15　冷却水循环示意图

步骤三：钨极氩弧焊设备操作方法及步骤

1. TIG 焊接的操作步骤

TIG 焊接的操作步骤如图 1-4-16 所示。

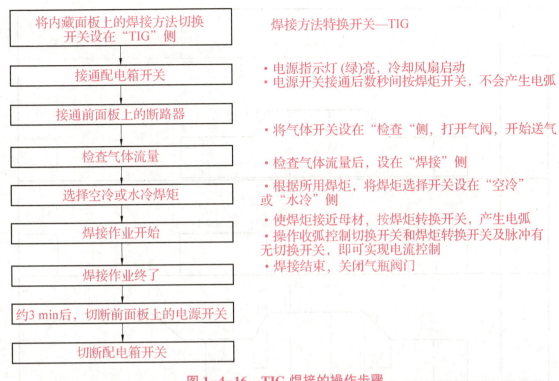

图 1-4-16　TIG 焊接的操作步骤

基本电流的设置：为充分发挥脉冲焊的特点，一般选用较小的基值电流，只要能维持电弧稳定燃烧即可。脉冲焊接时调节焊接电流旋钮可改变基值电流的大小。在基值电流期间熔池和钨极得到冷却。但基值电流不宜过小，否则熔池冷却速度过快，易在焊点中部形成下凹火口并出现火口裂纹。不锈钢薄板脉冲 TIG 焊工艺参数参考表见表 1-4-3。

表 1-4-3　不锈钢薄板脉冲 TIG 焊工艺参数参考表

板厚/mm	电流/A		频率/Hz	速度/(cm·min^{-1})
	脉冲	基值		
0.3	20~22	5~8	8	50~60
0.5	55~60	10	7	55~60
0.8	85	10	5	80~100

脉冲频率的设置：脉冲频率的选择是保证焊接质量的重要因素，不同的场合要求选择不同的脉冲频率范围，选择时必须与焊接速度相匹配。

脉冲频率范围分为低频脉冲 TIG 焊 0.5~25Hz，中频脉冲 TIG 焊 25~500Hz，高频脉冲 TIG 焊 1 000~20 000Hz。

操作收弧控制开关，焊炬转换开关和脉冲控制开关可实现的电流控制如图 1-4-17 所示。

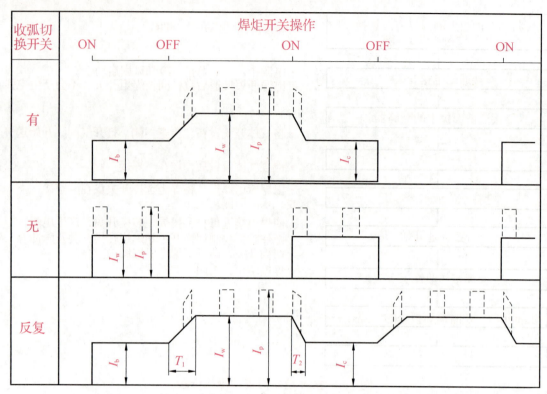

图 1-4-17 电流控制

I_w—焊接电流；a—实线是无脉冲时；b—虚线是低频、中频脉冲时；I_b—起始电流；I_c—收弧电流；T_1—上升时间（0.1~5s）；I_p—脉冲电流；T_2—下降时间（0.2~10s）

2. 手工焊操作步骤

手工焊的操作步骤如图 1-4-18 所示。

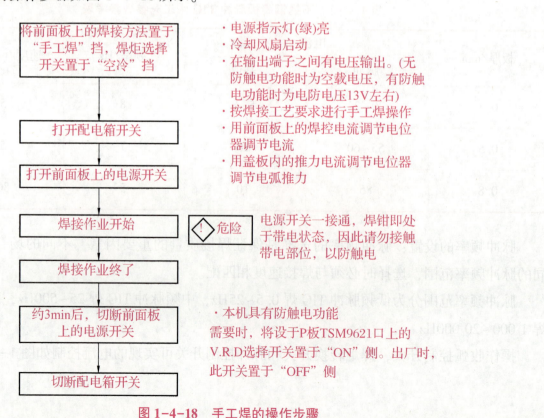

图 1-4-18 手工焊的操作步骤

注意：推力控制是当使用偏低规范焊接（如焊接根部焊道、全位置焊）时，可适当调节推力电流，增加短路电流值，使焊件熔深增加并避免焊条被粘住，以满足不同工件施焊时对电弧穿透力的要求。一般正常规范焊时，焊条不易粘住，可以不加推力电流。另外，要特别注意，焊接时加入的推力电流也要适当，因为过大的推力电流会使飞溅明显增加。

3. 周边机器

1）冷却水装置 YX-09KBAIHGE，适用于使用水冷焊枪但在工作地点无法得到冷却水源的场合。

2）TIG 焊自动填丝机 YJ-I052THGE，使人工填充焊丝的工作简单化，提高了工作效率。

4. 注意事项

1）电源开关（该机前面板）的操作。

①焊接结束时，应放置 2~3min 以后（待焊接电源充分冷却后）再切断电源开关。

②检查、更换焊枪部品时，请务必先切断电源开关。

2）输出端子与焊枪电缆、焊钳电缆的连接。一个输出端子应接一根焊枪电缆、焊钳电缆。若一个输出端子接两根、三根或多根焊枪电缆、焊钳电缆，因高频泄漏会导致引弧恶化，发生短路事故。

3）若电源开关处于接通状态，即使不焊接，也会消耗少量电力，应注意节电。

4）与焊枪等其他机器配套使用时，应在各机器额定负载持续率中最低的负载持续率下使用。

5. 保养和检修

（1）日常检修

接触带电部位、高温部位会引发致命的电击或烧伤事故。

除非有特殊需要，否则检修一定要在切断配电箱及电源开关、确保安全的前提下进行。特别是该机器，只要配电箱开关处于接通状态，即使切断了该机的断路器，电源内部仍有输入电压，极其危险。

为了充分发挥该机的性能，保证每天安全作业，日常的检修是非常关键的。日常检修时，依次检查以下部位，必要时应对某些零件进行除垢、更换等。

1）焊接电源检修要点见表 1-4-4。

表 1-4-4　焊接电源检修要点

部位	检修要点	备注
操作面板	（1）开关的操作、转换及安装情况； （2）验证电源指示灯的亮灭	若有异常，需要检查机器内部
冷却风扇	查验是否有风及声音是否正常	如没有风扇转动声或声音异常，则需进行内部检修
电源部分	（1）通电时，是否有异常振动及蜂鸣声； （2）通电时，是否产生异味； （3）外观是否有变色等迹象	若有异常，需要检查机器内部
外围	（1）送气管路有无破损，连接处有无松动； （2）外壳及其他紧固部位是否松动	

2)电缆检修要点见表1-4-5。

表1-4-5 电缆检修要点

部位	检修要点	备注
输出电缆	(1)电缆绝缘物的磨损及损伤; (2)电缆连接部位的裸露(绝缘损伤)和松脱(正负端子部位、母材连接部位、电缆连接处)	为保证人身安全及电弧的稳定,应用适合施工作业现场的方法进行检修
输入电缆	(1)配电箱输入保护设施的输入、输出端子的连接是否松动; (2)焊接电源输入端子连接部位是否松动; (3)输入电缆配线的电缆绝缘物是否发生磨损、损伤而露出导体部分	
接地线	(1)焊接电源用地线有无脱落,固定是否牢靠; (2)母材接地用地线有无脱落,固定是否牢靠	防止意外漏电事故,确保安全

(2)定期检修

接触带电部位、高温部位会引发致命的电击或烧伤事故。为避免发生此类事故,应遵守以下规定:

1)请专业人员或了解焊机的人员进行检修保养。

2)因对焊机进行检修、保养而拆下外壳时,请在焊机周围设置围栏,避免无关人员靠近。

3)除非有特殊需要,否则检修一定要在切断配电箱及电源开关、确保安全的前提下进行。

焊机使用后检修机器内部时,即使配电箱及电源开关已关闭,电源内部的电容也仍处于带电状态,因此,须静等约2min,待充分放电后再检修。

为了保持焊机性能,以期长年使用,仅靠日常检修是不够的。定期检修就是对焊机内部进行深入细致的检修,包括焊接电源内部的检修和清理等工作。一般情况下,半年时间左右,飞溅微粒和油尘等就会大量堆积。若工厂环境欠佳,电源内部的飞溅微粒和油尘则更多,最好每3个月进行一次检修。检修人员应及时记录检修时间,以备查,可以根据各自的实际需要,分别增加一些检修项目。定期检修时间表见表1-4-6。

表1-4-6 定期检修时间表

定期检修时间	要定期（每3~6个月）检修并清理焊接电源内部	
	1.（　　年　月　日） 检修内容：	2.（　　年　月　日） 检修内容：
	3.（　　年　月　日） 检修内容：	4.（　　年　月　日） 检修内容：

1）电源内部除尘。卸下焊接电源顶盖，用不含水分的压缩空气（干燥空气）吹净电源内部的积尘。因保养、检修拆卸电源顶盖后，当再次使机器工作时，一定按原状安装电源顶盖；否则，会引发触电、烧伤等重大事故，还会因冷却效果恶化而导致变压器及半导体等烧损。

2）焊接电源及其周边的检查。检查有无异常气味、变色、发热及内部连接处有无松动，重点检查日常检修中未尽之处。

3）电缆。对输出电缆、输入电缆及接地线的日常检修项目做深入、细致的检查。

4）消耗品的检修、保养。P板上的继电器是利用其接点进行回路的开闭控制的，具有一定的电气、机械寿命。

6. 注意事项

（1）焊接电源开关的操作（开关位于焊机的前面板上）

当电源开关自行断开时，切勿重新接通，应向代理商请求帮助。如果未排除故障就重新接通电源开关，可能引起机器的烧损。

（2）输出电缆

使用时，请尽量将焊枪（焊钳）电缆及母材电缆拉直使用。

（3）异常指示灯

如果异常指示灯亮，请参照"异常指示灯的显示和处理措施"进行处理。

（4）水压流量开关的注意事项

为防止水冷焊枪过热烧损，焊机配有流量开关，当冷却水流量过低时，该开关动作，将冷却水指示灯点亮并使焊机停止工作。发生这种情况时，可通过增加冷却水流量或使用冷却水循环装置来保证水压力在 $1.2 \text{kgf}/\text{cm}^2$（118kPa）以上。

使用冷却水装置时，因累积的杂质会使电动机停转或阻塞焊枪和流量开关的水路，所以应定期清理，每6个月更换冷却水1~2次，北方地区冬季应加防冻液，以避免水管冻裂。

7. 异常和处理

（1）异常指示灯的显示和处理措施

该机具有自我诊断功能，发生异常时，异常指示灯亮灯，焊机自动停止工作。异常指示灯的显示和处理措施见表1-4-7。

表1-4-7 异常指示灯的显示和处理措施

现象	原因	处理措施
冷却水异常指示灯亮	水冷焊枪冷却水水量不足	（1）确保冷却水水压（118kPa以上）； （2）清理过滤器； （3）水量达到规定值以上时恢复正常
温度异常指示灯亮	超额定负载持续率使用	（1）在额定负载持续率范围内使用； （2）温度降低后自动恢复正常
输入电压异常指示灯亮	（1）输入电压过高（超过456V）或过低（低于304V）； （2）输入电压断相	（1）设法将输入电压恢复正常，一般情况下须在额定电压380（1±10%）V的范围内使用； （2）将所断相接通； （3）电压恢复正常后，焊机自动恢复正常

注意：上述3种异常指示灯中的任一种亮灯时，前面板上部异常指示灯均同时亮灯。

（2）其他故障和异常的检查要点

其他故障和异常的检查要点见表1-4-8。

表1-4-8 其他故障和异常的检查要点

异常情况	检查要点
电源开关（MCB）自行关断	电路元器件可能损坏，请代理商帮助处理
打开电源开关后，电源指示灯不亮，风扇也不转动	（1）焊机未接电源； （2）配电箱熔丝烧断
既不产生高频又不引弧	（1）焊接方式选择开关设成手工焊方式； （2）焊炬转换开关接触不良； （3）保护气体未流出
有高频电压产生时仍不引弧	（1）母材侧电缆未连接或未连好； （2）焊枪电极与母材表面的距离过大
手工焊时不引弧	（1）焊接方式选择开关未设成手工焊方式； （2）焊炬转换开关未设在"空冷"挡
无保护气体流出	（1）气管未连接到焊机上； （2）气管扭曲严重； （3）气阀故障

续表

异常情况	检查要点
保护气体流出不止	(1) 气体检查开关设在"检查"挡； (2) 气体滞后停气时间过长； (3) 气阀故障
电弧不稳定或焊接效果不好	(1) 输入和输出端子连接不良； (2) 焊接电流对所使用的电极直径来说过小； (3) 钨极受损； (4) 焊接电流对所使用的焊条直径来说太小
断弧	焊炬钨极与母材表面的距离太大
钨极损耗严重	(1) 焊接电流对所使用的钨极直径来说太大； (2) 保护气体预流时间和滞后停气时间太短； (3) 无保护气体流出； (4) TIG 焊炬连接到了"+"端

注意：如果发生了表 1-4-8 中所列以外的异常情况，请与代理商联络解决。

任务评价

根据表 1-4-9 和表 1-4-10 对任务的完成情况进行评价。

1）填写 CO_2 电弧焊设备报告单（见表 1-4-9）。

表 1-4-9　CO_2 电弧焊设备报告单

考核内容		考核等级					
		优	良	中	及格	不及格	总评
铭牌上各参数的意义							
CO_2 焊枪							
送气系统							
焊接电源	电源型号						
	电源外特性						
控制系统							
焊前准备演示							
焊接过程演示							
关机演示							

2）填写任务完成情况评估表（见表1-4-10）。

表1-4-10 任务完成情况评估表

任务名称			时间		
一、综合职业能力成绩					
评分项目	评分内容	配分	自评	小组评分	教师评分
任务完成	完成项目任务，功能正常等	60			
操作工艺	方法步骤正确，动作准确等	20			
安全生产	符合操作规程，人员设备安全等	10			
文明生产	遵守纪律，积极合作，工位整洁	10			
总分					
二、训练过程记录					
参考资料选择					
操作工艺流程					
技术规范情况					
安全文明生产					
完成任务时间					
自我检查情况					
三、评语	自我整体评价			学生签名	
	教师整体评价			教师签名	

思考与练习

判断题

1. 晶体管式弧焊电源在实际应用中多采用脉冲电压、电流输出，通常也把这类弧焊电源称为晶体管式脉冲弧焊电源。（ ）

2. 晶体管式弧焊电源是20世纪80年代后期发展起来的一种弧焊电源。（ ）

3. 晶体管式弧焊电源大功率晶体管组在主电路回路中起着两种作用：一是起到线性放大调节器（即可控电阻）的作用；二是起到电子开关的作用。（ ）

4. 模拟式晶体管脉冲弧焊电源电容器组除滤波外，主要的作用是在脉冲弧焊时保证三相电源负载均衡。（ ）

5. 晶体管式弧焊电源的主要特点是，在变压、整流后的直流输出端并入大功率晶体管组。（ ）

6. 单相整流式脉冲弧焊电源采用单相整流电路提供脉冲电流，常见的有并联式、差接式和阻抗不平衡式3种。（ ）

7. 并联式单相整流脉冲弧焊电源由一台普通直流弧焊电源提供基本电流，用另一台有中心抽头的单相变压器和硅二极管组成的单相整流器与其相串联，提供脉冲电流。（   ）

8. 磁饱和电抗器式脉冲弧焊电源是利用特殊结构的磁饱和电抗器来获得脉冲电流的。（   ）

9. 差接式单相整流脉冲弧焊电源具有平特性。（   ）

10. 并联式单相整流脉冲弧焊电源一般采用具有陡降特性的弧焊电源来提供基本电压，用具有平特性的整流器来提供脉冲电流。（   ）

11. 用脉冲电流焊接能较好地控制熔滴过渡，可以用低于喷射过渡临界电流的平均电流来实现喷射过渡，对全位置焊接有独特的优越性。（   ）

12. 脉冲弧焊电源与一般弧焊电源的主要区别在于所提供的焊接电流不是周期性脉冲式的。（   ）

13. 按获得脉冲电流的主要器件不同，分为单相整流式脉冲弧焊电源、磁饱和电抗器式脉冲弧焊电源、晶闸管式脉冲弧焊电源、晶体管的脉冲弧焊电源。（   ）

焊工（中级）职业技能鉴定模拟题

判断题

1. 目前脉冲弧焊电源的控制线路一般比较简单，维修比较麻烦，在工艺要求较高的场合才宜应用。（   ）

2. 逆变式弧焊电源脉冲宽度的调制方式，因为晶体管导通宽度有最大值，所以输出电压可以在较宽的范围内调节。（   ）

任务 1.5　弧焊电源的选择与使用

MIG 焊原理

MIG 焊设备

学习目标

1. 知识目标

1) 了解弧焊电源的选用原则。
2) 了解各种焊接方法对弧焊电源的要求。
3) 掌握弧焊电源安全操作规程及劳动保护要求。
4) 了解 MAG/MIG 熔化极气体保护焊工艺方法的原理、特点、分类、适用范围及设备构成。
5) 了解直流脉冲焊接条件下焊接参数选择的一般原则。

2. 技能目标

1) 掌握弧焊电源的使用及维护方法。

2)掌握熔化极 MAG/MIG 脉冲弧焊电源的特点及应用范围。

3)能根据不同的焊接条件选择 MAG/MIG 焊接方法及进行功能选配。

4)能根据 MAG/MIG 焊接材料对保护气体介质的成分进行选配。

3. 素养目标

1)具备爱岗敬业、团结协作和注重安全生产的基本素质。

2)拥有制订工作计划的能力,具备选择完成工作任务的策略、方法的能力,能够开展自主学习、合作学习,能够查找资料、标准和规程,并在工作中实际应用。

任务描述

本任务学习弧焊电源的选择与使用。通过学习,学生应了解弧焊电源的选用原则,以及各种焊接方法对弧焊电源的要求。

任务分析

通过对弧焊电源的选型、使用及维护知识的学习,应掌握各种焊接方法对弧焊电源的要求,并能从实际应用的角度出发,学习弧焊电源安全操作规程及劳动保护的有关知识。

必备知识

1.5.1　常用弧焊电源的选择

弧焊电源是焊接电弧能量的提供装置,其性能和质量直接影响电弧燃烧的稳定性,从而影响焊接质量。不同类型的弧焊电源,其使用性能和经济性存在明显差异,主要特点比较见表 1-5-1。因此,只有根据不同工况正确选择弧焊电源,才能确保焊接过程顺利进行,并获得良好的接头性能和较高的生产效率。

表 1-5-1　交、直流弧焊电源特点比较

项目	交流	直流	项目	交流	直流
电弧的稳定性	差	好	构造与维修	简单	复杂
磁偏吹	很小	较大	成本	低	高
极性	无	有	供电	一般单相	一般三相
空载电压	较高	较低	触电危险	较大	较小

1. 按焊接方法选择弧焊电源

由表 1-5-1 可知,交流弧焊电源和直流弧焊电源相比,具有结构简单、维修方便、成本低等优点。因此,在确保焊接质量的前提下,应尽量选用交流弧焊电源,以免优材劣用,造

成不必要的浪费。目前，在我国实际焊接生产中，交流弧焊电源仍占多数，但交流弧焊电源存在电弧稳定性差，且无极性之分的缺点，在焊接工艺要求较高时无法满足焊接需求，这时就应采用直流弧焊电源。下面结合具体焊接方法介绍弧焊电源的选择。

（1）焊条电弧焊

焊条电弧焊电弧工作在静特性曲线的水平段，应采用具有下降外特性的弧焊电源。

焊条电弧焊使用的焊条按药皮熔化后熔渣特性，分为酸性焊条和碱性焊条。酸性焊条在焊接普通碳素结构钢、普通低合金钢、民用建筑钢时被广泛使用。酸性焊条具有良好的工艺性，适合选用交流弧焊电源，即弧焊变压器，如动铁式弧焊变压器（BX1-400）、动圈式弧焊变压器（BX3-400）、抽头式弧焊变压器（BX6-120）等。当焊接重要的结构件，如压力容器、锅炉等受压元件，以及铸铁、部分非铁合金、不锈钢等材料时，一般选用综合力学性能较好但焊接工艺性较差的碱性焊条。这时应选用性能更加优良的直流弧焊电源，如弧焊整流器（ZXG-400、ZXG1-250、ZXG7-300、ZDK-500、ZX5-400）、弧焊逆变器（ZX7-400）等，大多采用直流反接（工件接负极）的方式。

（2）埋弧焊

埋弧焊电弧工作在静特性曲线的水平段或略上升段。等速送丝时，选用具有较平缓下降外特性的弧焊电源；变速送丝时，选用具有陡降外特性的弧焊电源。

埋弧焊一般选用大容量的弧焊变压器，如同体式弧焊变压器（BX2-500、BX2-1000、BX2-2000等），对产品质量要求较高时，应采用弧焊整流器或矩形波交流弧焊电源。

（3）氩弧焊

氩弧焊分为钨极氩弧焊和熔化极氩弧焊。

钨极氩弧焊应选用具有陡降外特性或恒流外特性的交流弧焊电源或直流弧焊电源。在焊接铝、镁及其合金时，为清除表面致密的氧化膜并减轻钨极烧损，需采用交流弧焊电源，如弧焊变压器、矩形波交流弧焊电源；焊接其他非铁金属、钢铁金属时，一般采用直流弧焊电源，如弧焊整流器、弧焊逆变器等，采用直流正接（工件接正极）的方式。对于熔化极氩弧焊，应选用具有平外特性（等速送丝）或下降外特性（变速送丝）的弧焊整流器、弧焊逆变器等。对于要求较高的氩弧焊，如1mm以下的薄板焊接，可选用脉冲弧焊电源。

（4）CO_2 气体保护焊

CO_2 气体保护焊一般选用具有平外特性或缓降外特性的弧焊整流器、弧焊逆变器等，一般采用直流反接的方式。

（5）等离子弧焊

等离子弧焊一般选用具有陡降外特性或垂直陡降外特性的直流弧焊电源，如弧焊整流器、弧焊逆变器等。

2. 从经济和节能、环保的角度选择弧焊电源

（1）经济角度

交流弧焊电源具有结构简单、成本低、易维护、使用方便等优点，因此在满足使用性能及保证产品质量的前提下，应优先选用交流弧焊电源。

（2）节能、环保角度

电弧焊能耗高，所以在条件允许的情况下，应尽可能选用高效节能、环保的弧焊电源。随着IGBT等电力电子元器件的不断发展和成熟，弧焊逆变器得到了越来越广泛的应用。和普通弧焊电源相比，弧焊逆变器具有高效节能、体积小、质量小和动特性良好等优点，且对环境噪声污染小。而直流弧焊发电机具有能耗大、成本高、效率低、噪声大等缺点，目前已停止生产并被强制淘汰。

3. 弧焊电源功率的选择

（1）根据额定电流粗略估计

焊接设备铭牌中焊接电源型号后面的数字表示额定电流（如ZX5-400中，"400"即表示额定电流为400A），可根据该电流值确定弧焊电源是否满足要求。一般这种方法对于焊条电弧焊来说比较适用，只要实际焊接电流值小于额定电流值即可。

（2）根据负载持续率确定许用焊接电流

弧焊电源的输出功率（电流值）主要由其发热值确定，因此在弧焊电源的相关标准中对不同的绝缘等级规定了相应的允许温升。

弧焊电源的温升除取决于焊接电流大小外，还取决于负载状态，即负载持续率。

弧焊电源的负载持续率是用来表示焊接电源工作状态的参数，它表示在选定的工作时间周期内允许焊接电源连续使用的时间，用FS表示，即

$$FS = \frac{负载运行持续时间}{负载运行持续时间 + 空载（休止）时间} \times 100\% = \frac{t}{T} \times 100\% \quad (1-5-1)$$

式中，T 为弧焊电源的工作周期，是负载与空载时间之和；t 为负载运行持续时间。例如，工作周期为5min，负载运行持续时间为3min，空载（休止）时间为2min，则FS=60%。

相关国家标准中规定的负载持续率为额定负载持续率，以%表示，有15%、25%、40%、60%、80%、100%共6种。焊条电弧焊电源一般取60%，轻便弧焊电源一般取15%或25%，自动、半自动弧焊电源一般取100%或60%。

弧焊电源铭牌上规定的额定电流是指在额定负载持续率FS_e时允许的焊接电流I_e，即在额定负载持续率FS_e下以额定焊接电流I_e工作时，弧焊电源不会超过它的允许温升。

根据发热量相同的原则，可以导出不同负载持续率下允许的焊接电流值，即

$$I = I_e \sqrt{\frac{FS_e}{FS}} \quad (1-5-2)$$

例如，已知某弧焊电源FS_e=60%，额定输出电流I_e=500A，根据式（1-5-2）可以求出在不同的FS下的许用焊接电流，见表1-5-2。

表 1-5-2　不同负载持续率下的许用焊接电流

FS/%	50	60	80	100
许用焊接电流/A	548	500	433	387

（3）额定容量（功率）

弧焊电源铭牌上一般标有"额定容量"。额定容量 S_e 是电网电源必须满足弧焊电源供应用的额定视在功率。对于弧焊变压器，则有

$$S_e = U_{1e} I_{1e} \quad (1-5-3)$$

式中，U_{1e} 为额定一次电压，V；I_{1e} 为额定一次电流，A。

根据铭牌上的额定容量及额定一次电压值，不仅可以对电网的供电能力提出要求，还可以推算出额定一次电流值的大小，以便选择动力线直径及熔断器规格。

必须指出，弧焊电源铭牌上的额定容量是指视在功率，而实际运行中的有功功率还取决于焊接回路的功率因数。功率因数是输出的有功功率与视在功率的比值，即

$$\cos\varphi \approx \frac{P}{S} \quad (1-5-4)$$

故弧焊变压器在额定状态下输出的有功功率为

$$P_e = U_e I_e \cos\varphi = S_e \cos\varphi \quad (1-5-5)$$

1.5.2　弧焊电源的选择及安装

1. 弧焊电源附件的选择

弧焊电源主回路中除主机外，还包括电缆线、熔断器、开关等附件。现以焊条电弧焊为例，简单介绍附件的选择。

（1）电缆的选择

电缆包括从电网到弧焊电源的动力线和从弧焊电源到焊件、焊钳的焊接电缆。

1）动力线的选择。动力线一般选用耐压为交流 500V 的电缆。对于单芯铜电线，以电流密度为 $5\sim10A/mm^2$ 选择导线截面积；对于多芯电缆或当电缆长度较长（大于 30mm）时，以电流密度为 $3\sim6A/mm^2$ 选择导线截面积。

2）焊接电缆的选择。选择焊接电缆时，应选用专用焊接电缆，不得选用普通电缆。当焊接电缆长度小于 20m 时，以电流密度为 $4\sim10A/mm^2$ 选择导线截面积。当焊接电缆较长时，应考虑电缆压降对焊接作业的影响。一般来说，电缆压降不宜超过额定工作电压的 10%，否则应采取相应措施。

（2）熔断器的选择

熔断器是防止过载或短路的最常用的器件，常用的有管式、插式和螺旋式等。熔断器内装有熔丝，是用低熔点合金材料制成的，当电路过载或短路时，熔丝熔断，切断电路。熔断

器的选择主要是选择熔丝。熔断器的额定电流应不小于熔丝的额定电流。

（3）开关的选择

开关是把弧焊电源接在电网电源上的低压连接电器，主要用作电路隔离及不频繁地接通或分断电路。常用的开关有胶盖瓷底刀开关、铁壳开关和断路器。对于弧焊变压器、弧焊整流器和弧焊逆变器等焊接电源，开关的额定电流应不小于弧焊电源的一次额定电流。

2. 弧焊电源的安装

（1）安装前的检查

1）新的或长期放置未用的弧焊电源，在安装前必须检查其绝缘情况，可用500V绝缘电阻表测定其绝缘电阻。测定前，应先用绝缘导线将整流器或硅整流元器件或晶体管组短路，以防止上述元器件因过电压而击穿。测定时，若绝缘电阻表数值为零，则表示该回路短路，应设法消除短路处；若数值不为零，但又达不到绝缘电阻指标，说明可能是因长期放置在潮湿处使绝缘受潮，应设法对绕组进行烘干。一般的，弧焊整流器的电源回路对机壳的绝缘电阻应不小于1MΩ，焊接回路对机壳的绝缘电阻应不小于0.5MΩ，一、二次绕组间绝缘电阻应不小于1MΩ。

2）安装前，应检查弧焊电源内部是否损坏，各接头处是否拧紧，有无松动现象。特别要注意检查保护硅元件用的电阻、电容接头，以防使用时浪涌电压损坏硅元件。

（2）安装注意事项

1）电网电源功率是否够用，开关、熔断器和电缆选择是否正确，电缆的绝缘是否良好。

2）弧焊电源与电网间应装有独立开关和熔断器。

3）动力线、焊接电缆线的导线截面积和长度要合适，以保证在额定负载时动力线电压降不大于电网电压5%；焊接回路电压线总压降不大于4V。

4）机壳接地或接零。若电网电源为三相四线制，应把机壳接到中性线上；若为不接地的三相制，则应把机壳接地。

5）采取防潮措施。

6）安装在通风良好的干燥场所。

7）弧焊整流器通常装有对硅元件和绕组进行通风冷却的风扇，接线时一定要保证风扇转向正确。通风窗与阻挡物间距应不小于300mm，以使内部热量顺利排出。

任务实施

下面以唐山松下产业机器有限公司生产的YM-500GL3熔化极脉冲逆变焊机为例，讲解其基本操作及性能特点。

步骤一：熟悉YM-500GL3熔化极脉冲逆变焊机的性能特点

1. 技术参数

YM-500GL3是全数字MIG/MAG熔化极脉冲逆变焊机，它的主电路采用微计算机数字化波形控制，送丝机采用带编码器的四轮驱动方式，保证了整机送丝的稳定可靠，从而实现了完美品质的焊接。YM-500GL3 熔化极脉冲逆变焊机如图 1-5-1 所示。

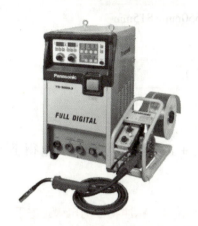

图 1-5-1　YM-500GL3 熔化极脉冲逆变焊机

YM-500GL3 熔化极脉冲逆变焊机技术参数见表 1-5-3。

表 1-5-3　YM-500GL3 熔化极脉冲逆变焊机技术参数

项目	额定值
输入电压	AC380V，15%，三相，50/60Hz
额定输入功率	23.3kV·A（22.4kW）
输出范围	60A/17V~550A/41.5V
额定负载持续率	100%
控制方式	IGBT 逆变控制
存储器	9 通道可重复焊接规范存储
焊接方法	CO_2、MIG、MAG、脉冲 MIG 焊接、脉冲 MAG 焊接
时序	焊接/(焊接—收弧)/(初期—焊接—收弧)/点焊（或连续点焊）
保护气体	CO_2（100%）；MAG（Ar：80%；CO_2：20%）；MIG（Ar：98%；O_2：2%）或 Ar（100%）
焊丝直径	1.2mm、1.4mm、1.6mm
焊丝材料	碳钢-实芯（MS）、碳钢-药芯（MS-FCW） 不锈钢-实芯（SUS）、不锈钢-药芯（SUS-FCW）
气体检查时间	1s~1min 连续调节（0.1s 递增）
提前送气时间	0.02~5.00s 连续调节（0.02s 递增）
滞后停气时间	0.10~5.00s 连续调节（0.02s 递增）
点焊时间	0.3~10.00s 连续调节（0.1s 递增）
输入端子	接线板（三相，用 M5 螺栓固定）
输出端子	快速插头/座

续表

项目	额定值
外形尺寸（W×D×H）	380mm×550mm×815mm
质量	60kg
绝缘等级	H（200℃）

2. 脉冲特性的电弧形态及特点

通过调节脉冲特性（-15～+15 范围可调），能得到不同脉冲特性和电弧形态，见表 1-5-4。

表 1-5-4　脉冲特性的电弧形态及特点

项目	软电弧"-15"	中"0"	硬电弧"+15"
脉冲特性			
焊缝成形			
特点	电弧直径较大，其噪声小，飞溅少，电弧稳定性强。适用于宽焊缝及实芯、药芯焊丝焊接的碳钢、普钢等低合金钢材料	电弧直径较小，电弧挺度高，集中性强。适用于半自动焊接角焊缝及薄、中板的对接焊缝，可焊接碳钢及铝等材料	电弧直径更小，电弧集中性更强，焊接波形强化控制。焊接铝及铝合金时清除氧化膜作用好，熔深大，适合铝、钢、铜、不锈钢等材料的焊接，适用于高速自动焊、机器人焊接

3. 脉冲电流的工艺特点及焊接规范

基值电流维持电弧的稳定燃烧，并预热母材和焊丝。焊接峰值电流高于喷射过渡的临界电流值，达到射滴（或射流）过渡。平均电流值比临界电流值低，即实现了焊接电流在临界电流值以下的喷射过渡状态。热输入量小，焊接电流的调节范围很宽，既可用于薄板焊接，又可用于厚板焊接。特别是采用较粗焊丝焊接薄板时，送丝仍很稳定。因此，YM-500GL3 熔化极脉冲逆变焊机适合各种材料、各种位置的焊接，但需调节的参数较多。低碳钢、不锈钢、铝、铜等金属 MIG/MAG 焊接规范参考数据见表 1-5-5。

表 1-5-5　低碳钢、不锈钢、铝、铜等金属 MIG/MAG 焊接规范参考数据

材质	板厚/mm	焊丝牌号	电流/A	电压/V	速度/(cm·min^{-1})	干伸长度/mm	气体成分	流量/(L·min^{-1})	脉冲控制	二次接线	熔滴过渡
低碳钢	2	ER50-6	80~100	18~19	40~60	8~10	80%Ar+20%CO$_2$	15~17	中	有脉冲	脉冲射滴
	3		100~130	19~20	35~50						
	4		130~160	20~22	30~40				软		
	5		140~180	21~23	30~40						
不锈钢	2	308	70~90	17~19	50~70	6~8	98%Ar 2%O$_2$	15~20	中	有脉冲	脉冲射流
	3	309	100~130	19~21	40~60						
	4	308	130~160	20~22	40~50						
	5	309	140~190	21~23	30~40						
铝镁合金	2	5336	70~80	16~17	60~70	8~10	纯Ar	15~17	硬	有脉冲	亚射滴
	3		80~120	17~18	40~50						
	6		140~180	20~22	30~40	10~15		18~20	中		
	8		220~240	22~24	20~30			20~22	中	无脉冲	亚射流
纯铜（紫铜）	2~4	201	160~200	19~21	30~40	10~15	纯Ar	15~20	中	有脉冲	脉冲射流
	10~20		230~250	21~23	20~30	15~20		20~25	中	有脉冲	脉冲射流

注意：

（1）焊接时，选择按钮设置在MIG焊的"不锈钢"挡位上。另外，铜件焊接前需预热到400℃~600℃后再进行焊接。

（2）使用单面焊接双面成形技术时，背面要加铜垫板。

（3）表1-5-5中的工艺参数仅供参考，具体以实际焊接为准。

（4）遥控器上脉冲开关置于"有"的位置。

（5）调试预定电流、电压和实际焊接电流、电压有偏差，以实际电流、电压为准。

不同焊接方法焊缝效果对比见表1-5-6。

表 1-5-6　不同焊接方法焊缝效果对比

焊接方法	用不同方法焊接不锈钢获得的焊缝外观	效果对比
FCAW（药芯焊丝）		成形好，成本较高，表面有焊渣，适合有特殊工艺要求场合使用
SMAW（电焊条）		成形不好，焊材成本低，效率低
MIG（实芯焊丝）		成形美观，效率高，易于实现自动焊接

步骤二：操作准备

1. 熟悉 YM-500GL3 熔化极脉冲逆变焊机的接线及特点

YM-500GL3 熔化极脉冲逆变焊机接线如图 1-5-2 所示。

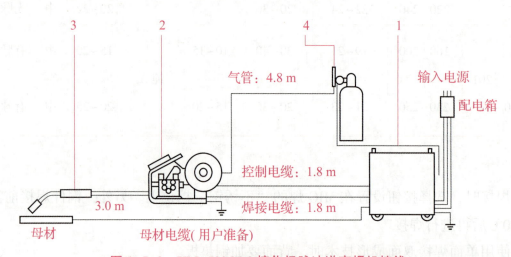

图 1-5-2　YM-500GL3 熔化极脉冲逆变焊机接线

1—焊接电源；2—送丝机；3—焊枪；4—气体减压流量计

根据焊接电缆"+"的接入位置不同（CO_2/MIG/MAG 或 MIG/MAG 脉冲），选择"有"或"无"脉冲模式。YM-500GL3 熔化极脉冲逆变焊机电缆快速接头及送丝机母材检测如图 1-5-3 所示。

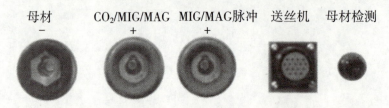

图 1-5-3　YM-500GL3 熔化极脉冲逆变焊机电缆快速接头及送丝机母材检测

送丝机构采用带有数字编码器的送丝电动机，时刻监测送丝速度的变化，保证电动机转速不随送丝阻力的变化而变化，如图1-5-4所示。

全数字MIG/MAG熔化极脉冲气体保护焊机采用两驱两从四轮送丝机构，以保证足够的送丝力矩和送丝稳定性，如图1-5-5所示。

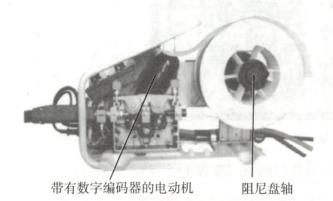

图1-5-4 带有数字编码器的送丝电动机

图1-5-5 两驱两从四轮送丝机构

正确使用MAG/MIG弧焊电源，不仅可以保证弧焊电源的工作性能，还可以延长弧焊电源的使用寿命。特别是正在发展中的新型弧焊电源，它们采用了新型电力电子元器件及微型计算机控制等技术，使用性能大幅提高，但对使用方式、使用环境等提出了更高的要求。弧焊电源在使用时应注意以下几点：

1）使用前，首先应仔细阅读产品使用说明书，了解其性能。然后，按使用说明书和相关标准对弧焊电源进行检查，确保无问题后方可使用。

2）焊前应仔细检查弧焊电源各部分接线是否正确，接头是否拧紧，气体保护焊气路、水循环冷却系统是否畅通。电源外壳应接地良好，以保证安全，防止过热。

3）在切断电源的情况下方可搬运、移动弧焊电源，且应避免振动。进行焊接时不得移动弧焊电源。

4）空载时，应听一听弧焊电源声音是否正常，冷却风扇运转是否正常。

5）不得随意打开机壳顶盖，以防异物掉入或焊接时降低风冷效果，损伤或烧坏元器件。

6）应在空载时启动或调节电流，不得过载使用或长期短路，以免烧坏弧焊电源。

7）应在铭牌规定的电流调节范围内及相应的负载持续率下工作，以防温度过高烧坏绝缘，缩短焊机的使用寿命。

8）在使用弧焊整流器、弧焊逆变器时，应注意内部电路及元器件的保护和冷却，应避免振动、撞击。当元器件发生损坏时，应及时更换。在使用弧焊逆变器时，应注意电力电子元器件的保护，以防被击穿。

9）应建立必要的管理制度，并按制度检修、保养设备。机件应保持清洁，机体上不得堆放杂物，以防短路或损坏机体。弧焊电源的使用场所应保证干燥、通风。

10）设备使用完毕应切断网路电源。当发现问题时也应立即切断网路电源，并及时维修。

2. 熟悉焊机操作面板

1）YM-500GL3 熔化极脉冲逆变焊机控制面板如图 1-5-6 所示。

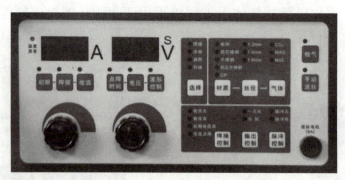

图 1-5-6　YM-500GL3 熔化极脉冲逆变焊机控制面板

2）YM-500GL3 熔化极脉冲逆变焊机焊接参数调整范围见表 1-5-7。

表 1-5-7　YM-500GL3 熔化极脉冲逆变焊机焊接参数调整范围

项目	用途	设定范围	最小设定单位	出厂设定	备注
P00	慢送丝	−50~50	1data	0	慢送丝速度微调
P01	热引弧电压	−50~50	1V	0	为了使引弧顺畅，在引弧时瞬间施加的高电压的微调整
P02	FTT 电压	−50~50	1V	0	回烧时间中的输出电压的微调整（和焊丝的上燃量有关）
P03	回烧时间	−50~50	1ms	0	回烧时间的微调整（和焊丝的上燃量有关）
P04	熔深调整	−7~7	1mm	0	熔深微调整
P05	提前送气时间	0.0~5.0	0.1s	0.2	焊枪开关置于"ON"后从送气到起弧的时间设定
P06	滞后停气时间	0.0~5.0	0.1s	0.5	焊枪开关置于"OFF"电弧停止后，到停止送气的时间设定
P07	峰值电流微调	−50~50	1data	0	脉冲峰值电流微调，1data=2A
P08	基值电流微调	−50~50	1data	0	脉冲基值电流微调，1data=1A
P09	脉冲上升微调	−7~7	1tr	0	脉冲上升微调+方向数据，上升变陡
P10	脉冲下降微调	−7~7	1tr	0	脉冲下降微调+方向数据，下降变陡
P11	送丝速度微调	−50~50	1data	0	送丝速度微调，1data≈0.5r/min
P12	脉冲开始电压微调	−30~+30	1V	0	"热电压"："−"侧脉冲焊接时起始电弧长度调整，"+"侧起始电弧长度增加

如果脉冲 MAG 焊接已经实现了无飞溅或飞溅很小的焊接，说明使用的混合气中氩气的比例较高（Ar 为 95%），不用再调整"脉冲特性"，熔滴过渡的频率较高会与焊机的脉冲频率相匹配。

步骤三：进行操作

1. 低碳钢脉冲 MAG 焊接

1）母材：低碳钢。
2）板厚：$t=3.2mm$。
3）焊接电流：135A（送丝量约为 4.27m/min）。
4）焊接电压：20.5V。
5）焊接速度：50cm/min。
6）气体：80%Ar+20%CO_2。
7）接头形式：水平搭接（焊脚高度为 4.5mm）。
8）焊丝：YM-51A，ϕ1.2mm。
9）干伸长度：15mm。
10）气体：90%Ar+10%CO_2。
11）气体流量：20L/min。

2. 不锈钢（SUS）脉冲 MIG 焊接

1）熔接条件：160A，20.2V。
2）熔接速度：50cm/min。
3）干伸长度：15mm。
4）焊丝：SUS308，ϕ1.2mm。
5）母材：SUS304 3.0t。
6）气体：98%Ar+%2O_2。
7）接头形式：水平搭接（焊脚高度为 5.2mm）。

3. 操作注意事项

1）根据保护气体种类、焊丝直径，选择相应按钮、送丝滚轮沟槽及导电嘴。
2）根据工件厚度、焊缝类型、焊接位置等选择焊接参数，如焊接电流、焊接电压、焊丝伸出长度（导电嘴至工件的距离）、气体流量等。
3）避免送丝软管缠绕。送丝软管一般长 3~5m，在焊接过程中若软管盘绕则会增大送丝阻力，导致送丝不均匀，进而影响电弧的稳定性。
4）焊接过程中随着焊缝的堆高，应不断调整焊嘴高度。
5）焊机内置多种功能：初期焊接条件预置（起始电流、收弧电流），低频、中频转换，二次回烧设定，MAG 引弧等。
6）焊机二次输出回路的电感专设两种接头形式，根据要求选择无脉冲的 CO_2/MAG 焊接和有脉冲的 MIG/MAG 焊接。
7）焊机内置多种安全保护功能，如过电流、过电压、超温及非正常停止等，以保证焊机具有更高的可靠性和实用性。

4. 焊接工艺参数调整

YM-500GL3熔化极脉冲逆变焊机在输出特性上，基值电流维持电弧的稳定燃烧，并预热母材和焊丝；焊接脉冲电流一般高于熔滴喷射过渡的临界电流值，以达到射流（或射滴）过渡；平均电流值比临界电流值低，热输入量小；焊接电流的调节范围宽，调节平均焊接电流即调节送丝速度，既可用于薄板的焊接，又可用于厚板的焊接。

1）操作者在焊接前可将焊丝材质（不锈钢、钢、铝）、焊丝直径（φ1.2mm、φ1.4mm、φ1.6mm）、气体种类（CO_2、MAG）、送丝速度（平均电流值）和输出控制方法（个别调整/一元化调整）等参数预选定，微型计算机自动调整脉冲电流、基值电流、脉冲电流的上升和下降速度。

2）在一元化调整状态下，微调电弧电压，控制熔滴过渡平稳、无飞溅时为较佳工艺参数。

3）依据焊丝材质和工艺需要调节脉冲控制模式，最佳电弧形态和理想的熔滴过渡及熔池成形的状态。为了实现脉冲频率和熔滴过渡频率相匹配原则，YM-500GL3熔化极脉冲逆变焊机面板上特设了"脉冲特性"调节功能，调节范围为-15～+15，一般调节为-8～-10。焊机的脉冲频率降低后，与熔滴过渡的频率相匹配，飞溅将明显降低；同时，电弧电压也要调低，弧长变短，飞溅很小，无咬边缺陷，焊缝成形优良。脉冲频率和熔滴过渡频率相匹配有如下3种形式：

①脉冲频率和熔滴过渡频率相匹配的最佳状态，即一脉一滴（脉冲频率和熔滴过渡频率一致），无飞溅或有很小的飞溅。

②脉冲频率和熔滴过渡频率相匹配可以用的状态，即一脉多滴（脉冲频率低于熔滴过渡频率），无飞溅或有很小的飞溅。

③脉冲频率和熔滴过渡频率相匹配不可用状态，即多脉一滴（脉冲频率高于熔滴过渡频率），此时飞溅大，脉冲电弧不稳定。

此外，熔滴过渡频率还与焊丝成分、混合气体比例、电流大小等因素有关。

4）调整脉冲频率的强弱状态（无脉冲时是调整控制波形的强、弱状态），使电弧更加集中。

5）铝及铝合金的焊接在亚射流过渡（即电弧电压较低）状态下，熔滴在射流过渡时伴随微量的短路过渡形式，焊丝熔化喷射指向好，焊缝成形美观，不烧损导电嘴，电弧燃烧稳定。

6）实芯或药芯的钢、不锈钢焊丝在中频状态下，熔滴喷射过渡平稳，无飞溅，焊缝成形美观，焊接效率高，焊缝内外质量好。

5. 安全节约用电

（1）节约用电

弧焊电源能耗很大，应尽量节约用电，主要从如下3个方面考虑：

1）提高功率因数。具有大漏抗或大电抗的弧焊电源，其功率因数较低，如弧焊变压器的功率因数一般为0.5～0.7，有的仅为0.3。通常的做法是在变压器的一次侧并联移相电容器，以提高功率因数。经补偿后，弧焊变压器的视在功率可减少20%以上，能耗下降，且电网电压波动减小，电弧燃烧更稳定。

2）降低弧焊电源的空载损耗。弧焊变压器在空载状态下，一次绕组中仍有电流通过，仍会消耗大量电能，一般为300~500W。因此，可考虑加装焊机自动节电装置。常见的节电装置有电弧继电器式节电装置、晶体管式自动节电装置等。

3）采用高效节能弧焊电源。随着大功率电力电子元器件稳定性的不断提高和计算机技术的发展，弧焊逆变器的应用越来越广泛。其空载损耗仅为几十至几百瓦，效率高达90%以上（弧焊整流器一般为75%左右），功率因数为0.9~0.99，节能效果十分明显。

（2）安全用电

国家相关标准规定：比较干燥而触电危险性较大的环境的安全电压为36V，潮湿而触电危险性较大的环境的安全电压为12V。在焊接工作中，所用设备大多采用380V或220V的网路电压，焊机的空载电压也在50V以上，均超过了国家规定的安全电压，所以应采取必要的安全防护措施，以防止人身触电事故及设备损坏事故发生。特别是阴雨天或潮湿的地方，更要注意防护。焊接时安全用电措施主要应注意以下8个方面：

1）所有使用的焊机应放在通风、干燥的地方，放置平稳。需露天作业的，要做好防雨、防雪工作。

2）焊接设备的安装和检修应由电工进行，焊工不得私自拆修。焊机发生故障时，应立即拉下电源刀开关，通知电工检修。

3）焊接作业前，应先检查焊机外壳接地（或接零）是否可靠，电缆接线是否良好，否则，不得合闸作业。

4）推拉电源刀开关时，必须戴绝缘手套且头部偏斜，站在左侧。推拉动作要快，以防面部被电火花灼伤。

5）启动焊机时，焊钳与焊件不能接触以防短路。调节电流及极性接法时，应在空载情况下进行。

6）为了防止焊钳与工件之间发生短路而烧坏焊机，焊接工作结束时，应先将焊钳放在可靠的地方，然后关掉电源。

7）焊钳应有可靠的绝缘，特别是在容器、管道等设备内部进行焊接时，不允许使用无绝缘外壳的焊钳。

8）焊接地线电缆与工件的连接必须可靠，严禁使用工地、厂房的金属结构、管道、导轨作为焊接回路。

任务评价

请根据表1-5-8和表1-5-9的内容对任务的完成情况进行评价。

1）填写MAG/MIG弧焊设备安全用电报告单（见表1-5-8）。

表 1-5-8　MAG/MIG 弧焊设备安全用电报告单

考核内容		考核等级					总评
		优	良	中	及格	不及格	
铭牌上各额定参数的意义							
MAG/MIG 半自动焊枪操作							
送丝系统操作							
焊接电源	额定功率						
	负载持续率						
控制系统							
合闸准备演示							
合闸过程演示							
拉闸演示							

2）填写任务完成情况评估表（见表 1-5-9）。

表 1-5-9　任务完成情况评估表

任务名称			时间		
一、综合职业能力成绩					
评分项目	评分内容	配分	自评	小组评分	教师评分
任务完成	完成项目任务，功能正常等	60			
操作工艺	方法步骤正确，动作准确等	20			
安全生产	符合操作规程，人员设备安全等	10			
文明生产	遵守纪律，积极合作，工位整洁	10			
	总分				
二、训练过程记录					
参考资料选择					
操作工艺流程					
技术规范情况					
安全文明生产					
完成任务时间					
自我检查情况					
三、评语	自我整体评价			学生签名	
	教师整体评价			教师签名	

思考与练习

判断题

1. 弧焊电源是焊接电弧能量的提供装置，其性能和质量直接影响电弧燃烧的稳定性，进而影响焊接质量。（　　）

2. 在确保焊接质量的前提下，应尽量选用直流弧焊电源，以免优材劣用，造成不必要的浪费。（　　）

3. 只有根据不同工况正确选择弧焊电源，才能确保焊接过程顺利进行，并在此基础上获得良好的接头性能和较高的生产效率。（　　）

4. 和直流弧焊电源相比，交流弧焊电源具有结构简单、维修方便、成本低等优点。（　　）

5. 焊条电弧焊电弧工作在静特性曲线的水平段，应采用具有上升外特性的弧焊电源。（　　）

6. 弧焊电源主回路中除主机外，还包括电缆线、熔断器、开关等附件。（　　）

7. 动力线一般选用耐压为交流220V的电缆。（　　）

8. 选择焊接电缆时，应选用专用焊接电缆，不得选用普通电缆。（　　）

9. 当焊接电缆线较长时，应考虑电缆压降对焊接作业的影响。一般来说，电缆压降不宜超过额定工作电压的10%。（　　）

10. 安装弧焊电源时应注意弧焊电源与电网间不应装有独立开关和熔断器。（　　）

11. 在使用弧焊电源前，应仔细阅读产品使用说明书，了解其性能。（　　）

12. 弧焊电源不应在切断电源的情况下搬运、移动，且应避免振动，进行焊接时不得移动弧焊电源。（　　）

13. 空载时，应注意弧焊电源声音是否正常，冷却风扇是否正常鼓风。（　　）

14. 焊条电弧焊是由弧焊电源、输入和输出电缆及焊钳组成的。（　　）

15. 直流钨极氩弧焊机是一种焊接质量较高的焊机，其焊缝受氩气保护，既可减少焊接缺陷，又可提高接头的力学性能。（　　）

焊工（中级）职业技能鉴定模拟题

单项选择题

1. 表示弧焊变压器的代号为（　　）。
   A. A　　　B. B　　　C. Z　　　D. G

2. 表示弧焊整流器的代号为（　　）。
   A. A　　　B. B　　　C. Z　　　D. G

3. 表示弧焊电源为下降特性的代号为（　　）。
   A. X　　　B. P　　　C. D　　　D. G

4. 下面型号(　　)是逆变弧焊整流器。

A. BX1-400　　　B. AX7-400　　　C. ZX7-400　　　D. ZXG-400

5. 下面型号(　　)是硅弧焊整流器。

A. BX1-400　　　B. AX7-400　　　C. ZX7-400　　　D. ZXG-400

6. 常用的动圈式交流弧焊变压器的型号是(　　)。

A. BX-500　　　B. BX1-400　　　C. BX3-500　　　D. BX6-200

7. 常用的晶闸管弧焊整流器的型号是(　　)。

A. ZX3-400　　　B. ZX5-400　　　C. ZX7-400　　　D. BX1-300

8. WS-250型焊机是(　　)焊机。

A. 交流钨极氩弧焊　　　　　　　B. 直流钨极氩弧焊

C. 交直流钨极氩弧焊　　　　　　D. 熔化极氩弧焊

9. 钨极氩弧焊焊接不锈钢时,应采用(　　)。

A. 直流正接　　　B. 直流反接　　　C. 交流电源　　　D. 交、直流都可以

项目 2

焊接设备的使用与维护

焊接设备是企业生产活动中的关键因素，其能否稳定运行直接对企业经济效益的高低产生巨大影响。企业生产中所用到的焊接设备在日常作业过程中难免会出现各种损耗与故障，不利于生产效率的优化。针对这种情况，只有规范使用设备并充分重视设备的维护，才能确保其性能始终处于健康状态，从而给生产效率的提升创造良好条件。

任务 2.1　埋弧焊机的使用与维护

学习目标

1. 知识目标

1) 了解埋弧焊设备的类型及组成。

2) 能按照安全操作规程操作埋弧焊设备，了解劳动保护要求。

2. 技能目标

1) 掌握埋弧焊设备的使用及维护方法。

2) 能够连接埋弧焊机设备并进行实训。

3. 素养目标

1) 具备爱岗敬业、团结协作和注重安全生产的基本素质。

2) 拥有制订工作计划的能力，具备选择完成工作任务的策略、方法的能力，能够开展自主学习、合作学习，能够查找资料、标准和规程，并在工作中实际应用。

任务描述

图 2-1-1 所示为埋弧焊过程示意图。本任务学习埋弧焊设备的类型、安全操作规程及劳动保护要求。

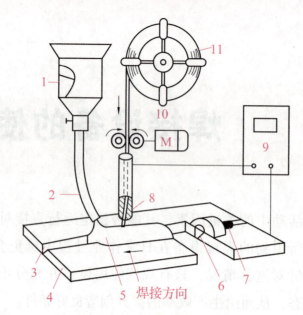

图 2-1-1　埋弧焊过程示意图

1—焊剂漏斗；2—软管；3—坡口；4—焊件；5—焊剂；6—熔敷金属；7—渣壳；
8—导电嘴；9—电源；10—送丝机构；11—焊丝

任务分析

根据图 2-1-1 可知，常用的埋弧焊设备主要由焊接电源、机械系统和控制系统 3 部分组成。如何掌握埋弧焊设备的使用、维护与安全操作规程及劳动保护要求是我们接下来将要学习的内容。

必备知识

2.1.1　埋弧焊过程

埋弧焊是电弧在颗粒状焊剂层下燃烧的一种焊接方法。采用埋弧焊时，焊机的启动、引弧、焊丝的送进及热源的移动均由机械控制，它是一种以电弧为热源的、高效的机械化焊接方法。埋弧焊现已广泛用于锅炉、压力容器、石油化工、船舶、桥梁、冶金及机械制造工业。

埋弧焊时，焊机的电源输出端分别接在导电嘴和焊件上，先将焊丝由送丝机构送进，经导电嘴与焊件轻微接触，焊剂由漏斗口经软管流出后，均匀地堆敷在待焊处。引弧后，电弧将焊丝和焊件熔化形成熔池，同时将电弧区周围的焊剂熔化（有部分蒸发），形成一个封闭的电弧燃烧空间。密度较小的熔渣浮在熔池表面，将液态金属与空气隔绝开，有利于焊接冶金反应的进行。随着电弧向前移动，熔池液态金属随之冷却凝固而形成焊缝，浮在表面的液态熔渣也随之冷却而形成渣壳。

2.1.2 埋弧焊机的分类

按不同的分类方式，埋弧焊机可以有多种不同的类型：

1) 按用途可分为专用焊机和通用焊机两种，通用焊机有小车式埋弧焊机，专用焊机有埋弧角焊机、埋弧堆焊机等。

2) 按送丝方式可分为等速送丝式埋弧焊机和变速送丝式埋弧焊机两种，前者适用于细焊丝高电流密度条件的焊接，后者适用于粗焊丝低电流密度条件的焊接。

3) 按焊丝的数目和形状可分为单丝埋弧焊机、多丝埋弧焊机及带状电极埋弧焊机。目前应用最广的是单丝埋弧焊机。常用的多丝埋弧焊机是双丝埋弧焊机和三丝埋弧焊机。带状电极埋弧焊机主要用作大面积堆焊。

4) 按焊机的结构形式可分为小车式焊机、悬挂式焊机、车床式焊机、门架式焊机、悬臂式焊机等，如图 2-1-2 所示。目前，小车式焊机、悬臂式焊机应用较多。

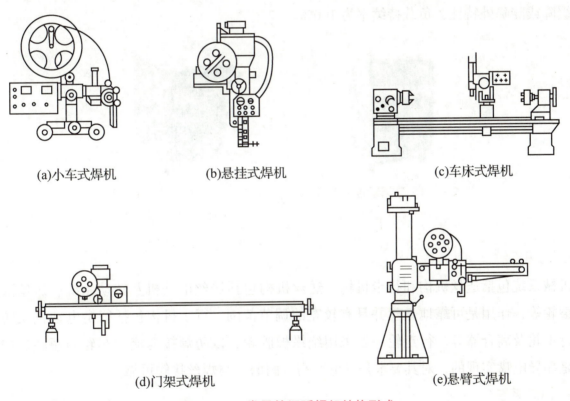

图 2-1-2 常见的埋弧焊机结构形式

2.1.3 典型埋弧焊机的组成

典型埋弧焊机由焊接电源、机械系统（包括送丝机构、行走机构、焊丝盘、焊剂漏斗等）和控制系统（控制箱、控制盘）3 部分组成，如图 2-1-3 所示。

图 2-1-3　典型埋弧焊机的组成

1. 焊接电源

埋弧焊电源有交流电源（见图 2-1-4）和直流电源（见图 2-1-5）。通常，直流电源适用于小电流、快速引弧、短焊缝、高速焊接及焊剂稳弧性较差、对参数稳定性要求较高的场合，交流电源多用于大电流及直流磁偏吹严重的场合。一般埋弧焊电源的额定电流为 500~2 000A，具有缓降或陡降外特性，负载持续率为 100%。

图 2-1-4　晶闸管控制交流　　图 2-1-5　晶闸管控制直流
　　　　埋弧焊电源　　　　　　　　　埋弧焊电源

2. 机械系统

机械系统包括送丝机构和行走机构。送丝机构包括送丝电动机及转动系统、送丝滚轮和矫直滚轮等，作用是可靠地送丝并具有较宽的调节范围。行走机构包括行走电动机及转动系统、行走轮及离合器等。行走轮一般采用绝缘橡胶轮，以防焊接电流经车轮而短路。焊丝的接电是靠导电嘴实现的，对其要求是导电率高、耐磨、与焊丝接触可靠。

3. 控制系统

控制系统包括送丝控制、行走控制、引弧熄弧控制等。大型专用焊机还包括横臂升降、收缩、主轴旋转及焊剂回收等控制。一般，埋弧焊机常设一控制箱来安装主要控制元件，但在采用晶闸管等电子控制电路的新型埋弧焊机中已没有单独的控制箱，控制元件安装在控制盘和电源箱内。

2.1.4 埋弧焊辅助设备

埋弧焊辅助设备主要有焊接操作机、焊接滚轮架和焊剂回收装置等，这里主要介绍前两种。

1. 焊接操作机

焊接操作机的作用是将焊机机头准确地送到并保持在待焊位置上，并以给定的速度均匀移动焊机。通过它与埋弧焊机和焊接滚轮架等设备的配合，可以方便地完成内外环缝、内外纵缝的焊接，与焊接变位器配合，可以焊接球形容器焊缝等。

（1）立柱式焊接操作机

立柱式焊接操作机的构造如图 2-1-6 所示，用以完成纵、环缝多工位的焊接。

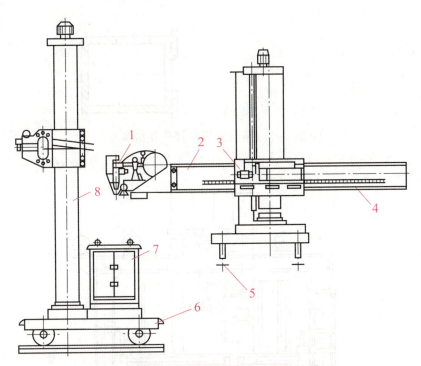

图 2-1-6　立柱式焊接操作机的构造

1—埋弧焊机；2—横臂；3—横臂进给机构；4—齿条；5—钢轨；6—走台车；
7—焊接电源及控制箱；8—立柱

（2）平台式焊接操作机

平台式焊接操作机的构造如图 2-1-7 所示，用以完成外纵缝、外环缝的焊接。

（3）龙门式焊接操作机

龙门式焊接操作机的构造如图 2-1-8 所示，用以完成大型圆筒构件的外纵缝和外环缝的焊接。

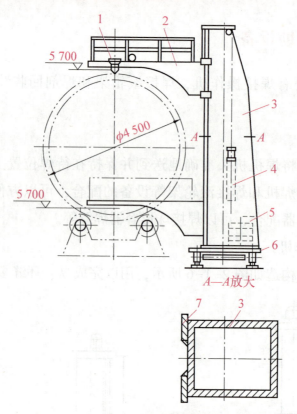

图 2-1-7 平台式焊接操作机的构造
1—埋弧焊机;2—操作平台;3—立柱;4—配重;5—压重;6—焊接小车;7—立柱平轨道

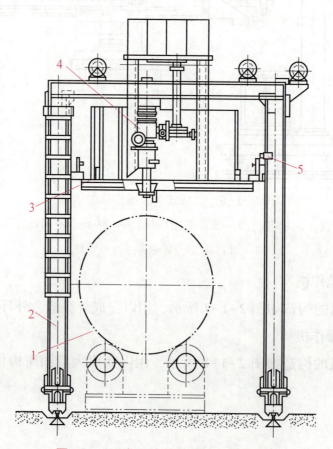

图 2-1-8 龙门式焊接操作机的构造
1—焊件;2—龙门架;3—操作平台;4—埋弧焊机和调整装置;5—限位开关

2. 焊接滚轮架

焊接滚轮架是靠滚轮与焊件间的摩擦力带动焊件旋转的一种装置（见图 2-1-9），适用于筒形焊件和球形焊件的纵缝与环缝的焊接。

图 2-1-9　焊接滚轮架

2.1.5　典型埋弧焊机的主要技术参数

1. 等速送丝式埋弧焊机

等速送丝式埋弧焊机根据焊接过程中电弧的自身调节作用，通过改变焊丝的熔化速度，使变化的弧长很快恢复正常，从而保证焊接过程稳定。MZJ-1000 型交流埋弧焊机是典型的等速送丝式埋弧焊机，其主要技术参数见表 2-1-1，组成及外形如图 2-1-10 所示。

表 2-1-1　MZJ-1000 型交流埋弧焊机的主要技术参数

输入电压/V	单相，380	送丝速度/$(cm \cdot min^{-1})$	90~670
焊接电流调节范围/A	400~1 000	焊接速度/$(m \cdot h^{-1})$	16~126
额定负载持续率/%	60	焊丝直径/mm	1.6~5
配套电源	BX1-1000	送丝方式	等速
小车质量/kg	45		

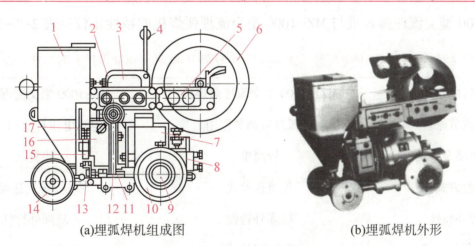

(a)埋弧焊机组成图　　　　(b)埋弧焊机外形

图 2-1-10　MZJ-1 000 型交流埋弧焊机

1—焊剂斗；2—调节手轮；3—控制按钮板；4—导丝轮；5—电流表和电压表；6—焊丝盘；
7—电动机；8—减速机构；9—离合器手轮；10—后轮；11—扇形蜗轮；12—前底架；13—连杆；
14—前轮；15—导电嘴；16—减速箱；17—偏心压紧轮

2. 变速送丝式埋弧焊机

变速送丝式埋弧焊机根据电弧电压自动调节作用，把电弧电压作为反馈量，通过改变焊丝送丝速度消除弧长的干扰，以保持电弧长度不变。MZ-1000 型交流埋弧焊机是典型的变速送丝式埋弧焊机，其主要技术参数见表 2-1-2，外形如图 2-1-11 所示。

表 2-1-2　MZ-1000 型交流埋弧焊机主要技术参数

输入电压/V	三相,380	送丝速度/(cm·min^{-1})	18~180
焊接电流调节范围/A	200~1 000	焊接速度/(m·h^{-1})	10~120
额定负载持续率/%	100	焊丝直径/mm	3~5
配套电源	ZD5-1000	送丝方式	变速/等速
小车质量/kg	54		

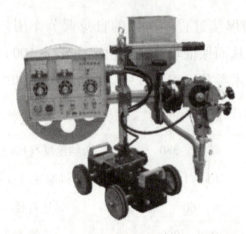

图 2-1-11　MZ-1000 型交流埋弧焊机

3. 等速送丝式埋弧焊机与变速送丝式埋弧焊机的比较

MZJ-1000 型交流埋弧焊机与 MZ-1000 型交流埋弧焊机的特性比较见表 2-1-3。

表 2-1-3　MZJ-1000 型交流埋弧焊机与 MZ-1000 型交流埋弧焊机的特性比较

比较内容	MZJ-1000 型交流埋弧焊机	MZ-1000 型交流埋弧焊机
自动调节原理	电弧自身调节作用	电弧电压自动调节作用
控制电路及机构	较简单	较复杂
送丝方式	等速送丝式	变速/等速送丝式
电源外特性	缓降外特性	陡降外特性
电流调节方式	调节送丝速度	调节电源外特性
电压调节方式	调节电源外特性	调节给定电压
使用焊丝直径/mm	细丝,一般为 1.6~5	粗丝,一般为 3~5

2.1.6　埋弧焊机的维护与修理

1. 埋弧焊机的维护保养

埋弧焊机是较复杂、较贵重的焊接设备,对其进行维护保养十分重要。

1) 设备应由专人使用。操作人员应对设备的基本原理有所了解,合理按照焊接工艺规范进行焊接。操作人员应进行培训和考核。

2) 应定期对埋弧焊机进行清洁处理并更换导电嘴和送丝轮等。

3) 电源的进出线和接地线必须连接良好。

4) 控制电缆在小车端头应加以固定，不要使它严重弯曲。

2. 埋弧焊机的修理

设备出现故障时，应从3个方面检查，包括电源、控制电缆和小车。

（1）检查电源

1) 打开电源开关，将转换开关放至"手工焊"位置，查看电源输出电压是否显示在规定值范围内，若不在该范围内，应更换控制线路板进行试验。

2) 检查熔丝是否良好，输入三相电压是否正常，检查控制变压器各级电压是否在规定值范围内。如有问题，更换控制变压器。

3) 检查各继电器能否正常动作，出现问题更换器件。

4) 检查常温时温度继电器是否导通，冷却风扇运转是否正常，出现问题更换器件。

5) 检查晶闸管，用万用表测量门极与阴极之间的电阻，应在十几至几十欧姆范围内，否则说明门极短路或开路；阴极与阳极间电阻应大于$1M\Omega$，否则说明极间绝缘性能不良；电阻值为零表示被击穿。

（2）检查控制电缆

控制电缆长期处于运动状态，很容易折断，检查方法是用万用表电阻挡按电缆两端号码测量其通断情况，有折断的可用备用线连接。

（3）检查小车

1) 按下小车"前进/后退"按键，检查小车能否行走；调节"速度"旋钮，检查能否改变小车行走速度；按下"送丝"按钮，检查送丝轮能否正反转。如有问题，检查熔丝，检查小型继电器是否损坏。

2) 调整开关放在"自动焊接"位置。在不装焊丝时，按下"焊接"按钮，检查空载时送丝轮是否慢速旋转。当电压降到44~28V时，送丝轮应快速旋转；当短路电压为零时，送丝轮应反转（抽丝），若不正常应更换控制线路板。

3) 若送丝不稳定，检查送丝轮的轮齿是否损坏，若损坏应更换。还应检查压紧装置是否调节得当。

3. 对修理人员的要求

对修理人员有以下要求：

1) 应了解产品生产工艺。

2) 应熟悉产品的质检、测试、试验标准。

3) 应具备必要的电学知识。

4) 应备有必要的修理用材料和工具，如电源控制板、小车控制板、控制变压器、继电器、开关、熔丝等。

2.1.7 埋弧焊机的安全操作规程及劳动保护要求

1）操作人员必须经过培训取得合格证后，持证上岗。

2）操作人员应仔细阅读本机说明书，了解其机械构造、工作原理，熟知操作和保养规程，并严格按规定的程序操作。非本机操作人员严禁操作。

3）操作前应做好准备工作，按规定进行日常检查（检查应在断电状态下进行）。

4）设备启动运转前，应仔细检查埋弧焊机周围是否有异物阻碍焊机横臂的伸缩、行走，控制电源是否正常，面板开关是否复位到调整状态，埋弧焊机横臂及行走装置是否都已经正常复位等。另外，还应检查电缆滑车是否松动，轨道内有无异物，焊丝盘转动是否灵活，当检查均无误后方可进行下一步操作。

5）设备启动运转时，应没有异常噪声及振动现象，焊壁伸缩动作和升降动作应无卡滞现象，若有问题，必须予以排除后方可进行下一步操作。

6）焊接前应对设备进行调整和检验。启动电动机前，应仔细校对一次接线，确定接线正确后，方可合上电源开关，启动电动机。在检查确认电动机动作方向与所需方向一致后，方可进行下一步操作。

7）进行焊接工作时，不允许有人员在埋弧焊机横臂下方走动或停留。

8）操作人员在操作埋弧焊机进行焊接作业时，必须做好安全防护措施，必要时应佩戴安全防护眼镜。更换焊丝盘时应挂好安全带以防止坠落。

9）应定期检查升降电动机、送丝机、焊剂回收机、链轮、链条和棘爪座内的弹簧的工作情况，如有问题应及时更换。

10）在车间内行车吊物时不要撞到或刮到埋弧焊机，应保持一定的安全距离，避免发生设备侧翻事故。

11）必须由专业电工将设备可靠接地，并避免接触带电的裸露部分。在潮湿环境中，应采取特殊的绝缘措施保证地线电缆同焊件的连接良好。

12）焊接电弧可发射红外线区和紫外线区的高能辐射，该能量可穿透单衣或从浅色表面反射回来，电弧射线会伤害眼睛或灼伤皮肤，因此任何时候都不要直视焊接电弧。

13）焊接电线不能与操作机任何表面直接接触，以免造成触电。

14）焊接时会产生有害烟雾，应避免吸入这些烟雾。焊接时应保证焊接作业区的通风排烟良好。焊接含铅、锌、镉、汞、铍的工件时更应加倍注意。

15）不要在产生氯化碳水化合物蒸气的喷涂及清洗作业区附近焊接，因为弧光及热能会使溶液蒸气再反应生成高毒性气体。

16）使用埋弧焊机、气体保护焊机时，应使用专用气瓶，使用的压力表应适当，所有的软管、接头等应当合适并且保持良好状态。气瓶立起后应可靠固定在底盘或固定支架上，并远离焊接、切割作业区及其他产生热量、火花、火焰的地方。开启气瓶气阀时，头脸应避开气阀出口，用完后应关闭气阀。

17) 设备使用完毕，将导向座降到最下端，保持重心稳定，然后将"调速"旋钮旋到最小，关掉调速开关，切断电源。

18) 每个班次都应搅拌回收装置内的粉尘袋，将初级分离器的焊渣等杂物倒净，并对初级分离器填装焊剂。焊机长时间不用时，应将焊剂全部回收。

19) 做好机械使用登记台账。

2.1.8 埋弧焊机常见故障及排除方法

埋弧焊机常见故障及排除方法见表2-1-4。

表2-1-4 埋弧焊机常见故障及排除方法

故障现象	产生原因	排除方法
按焊丝"向下""向上"按钮时，焊丝动作不对或不动作	(1) 控制线路有故障（控制变压器、整流器损坏，按钮接触不良等）； (2) 电动机方向接反； (3) 发电机或电动机电刷接触不良	(1) 找到故障位置，排除故障； (2) 改接电源线相序； (3) 清洁或修理电刷
按"启动"按钮，继电器不工作	(1) 按钮损坏； (2) 继电器回路有断路现象	(1) 检查并更换按钮； (2) 检查继电器回路，排除断路故障
按"启动"按钮，继电器工作，但接触器不起作用	(1) 继电器本身有故障，线包虽工作，但触点不工作； (2) 接触器回路不通，接触器本身有故障； (3) 电网电压太低	(1) 检查并更换继电器； (2) 检查并更换接触器，检查接触器回路； (3) 改变变压器接法
按"启动"按钮，接触器动作，但送丝电动机不转，或不引弧	(1) 焊接回路未接通； (2) 接触器触点接触不良； (3) 送丝电动机的供电回路不通； (4) 发电机不发电（MZ-1000型）	(1) 检查并接通焊接回路； (2) 检查接触器触点； (3) 检查并接通供电回路； (4) 检查发电机系统的励磁和电枢回路
按"启动"按钮，电弧不引燃，焊丝一直上抽（MZ-1000型）	(1) 焊接电源线部分有故障，无电弧电压； (2) 接触器的主触点未接触； (3) 电弧电压取样电路未工作	(1) 检查电源电路； (2) 检查接触器触点； (3) 检查电弧电压取样电路
按"启动"按钮，电弧引燃后立即熄灭，电动机转，使焊丝上抽（MZJ-1000型）	"启动"按钮触点有问题，其常闭触点不闭合	修理或更换"启动"按钮

续表

故障现象	产生原因	排除方法
按"停止"按钮，焊机不停	(1) 中间继电器触点粘连； (2) "停止"按钮失灵	修理或更换中间继电器或"停止"按钮
焊丝与焊件未接触时，网路有电流	小车与焊件间绝缘损坏	检查并修复绝缘
焊丝送进不均匀或正常送丝时电弧熄灭	(1) 送丝滚轮磨损； (2) 焊丝在导电嘴中卡死	(1) 更换送丝滚轮； (2) 调整导电嘴
焊接过程中机头及导电嘴位置变化不定	(1) 焊接小车调整机构有间隙； (2) 导电装置有间隙	(1) 更换零件； (2) 重新调整
焊机无机械故障，但常粘丝	网路电压太低，电弧过短	调节电压
焊剂供给不均匀	(1) 焊剂斗中焊剂用完； (2) 焊剂斗阀门卡死	(1) 添加焊剂； (2) 修理阀门
焊接过程中焊机突然停止行走	(1) 离合器脱开； (2) 有异物阻碍； (3) 电缆拉得太紧； (4) 停电或开关接触不良	(1) 关紧离合器； (2) 清理异物； (3) 放松电缆； (4) 通电或修理开关
焊缝粗细不匀	(1) 电网电压不稳； (2) 导电嘴接触不良； (3) 导线松动； (4) 送丝轮打滑； (5) 焊件缝隙不均匀	(1) 检查电网电压不稳原因并排除； (2) 导电嘴安装牢固； (3) 固定好导线； (4) 送丝轮复位； (5) 调整焊件使其缝隙均匀
焊接时焊丝通过导电嘴产生火花，焊丝发红	(1) 导电嘴磨损； (2) 导电嘴安装不良； (3) 焊丝脏污	(1) 修理导电嘴； (2) 重装导电嘴； (3) 清理焊丝
导电嘴与焊丝一起熔化	(1) 电弧太长； (2) 焊丝干伸长太短； (3) 焊接电流太大	调节工艺参数
焊机停车时焊丝与工件粘连	回烧过程控制不当，焊接电源停电过早	调整回烧过程
焊接电路接通，电弧未引燃，而且焊丝与导电嘴焊合	焊丝与工件接触太紧	调整焊丝与工件的接触状态

任务实施

根据任务分析，在实训基地进行设备连接安装训练。

步骤一：电源外部接线

MZ-1000 型埋弧焊机使用交流电源时，其外部接线如图 2-1-12 所示。MZ-1000 型埋弧焊机使用直流电源时，其外部接线如图 2-1-13 所示。

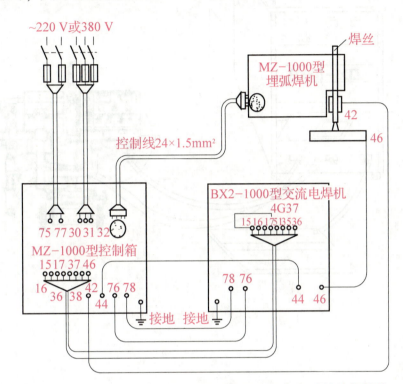

图 2-1-12　MZ-1000 型埋弧焊机使用交流电源时的外部接线

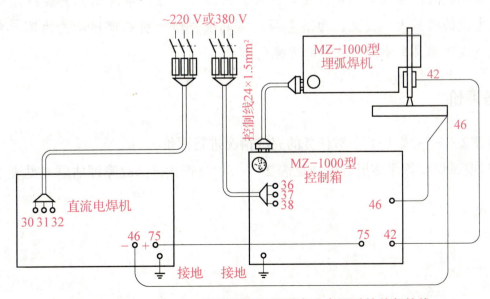

图 2-1-13　MZ-1000 型埋弧焊机使用直流电源时的外部接线

步骤二：焊机连接

焊机连接示意图如图2-1-14所示。

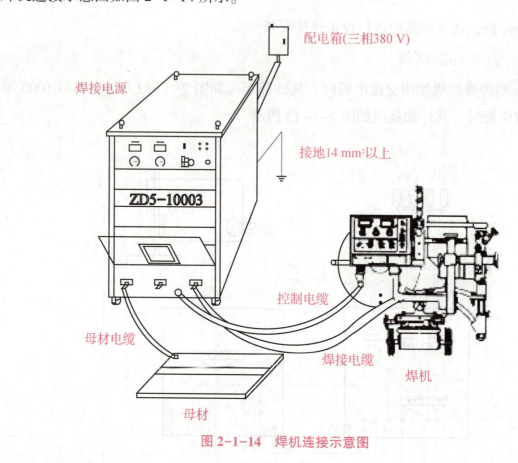

图 2-1-14　焊机连接示意图

知识链接

由于电弧电压自动调节静特性曲线近似于水平，网路电压波动对电弧电压影响较小，而对焊接电流影响较大。当网路电压波动时，具有缓降外特性的电源比具有陡降外特性的电源引起的焊接电流的偏差大。因此，为避免因网路电压波动而引起焊接电流的较大变化，变速送丝式焊机适宜采用具有陡降外特性的焊接电源。

任务评价

请根据表2-1-5~表2-1-7对任务的完成情况进行评价。

1) 填写埋弧焊设备评估报告单（见表2-1-5）与查找排除故障评估单（见表2-1-6）。

表 2-1-5 埋弧焊设备评估报告单

考核内容		考核等级					
		优	良	中	及格	不及格	总评
铭牌上各参数的意义							
机械系统	送丝系统						
	小车行走机构						
	导电嘴						
	焊接机头						
	焊剂漏斗						
焊接电源	电源型号						
	电源外特性						
控制系统							
焊前准备演示							
焊接过程演示							
关机演示							

表 2-1-6 查找排除故障评估单

考核内容	考核等级					
	优	良	中	及格	不及格	总评
查找故障点的准确性						
排除故障点的准确性						

2）填写任务完成情况评估表（见表 2-1-7）。

表 2-1-7 任务完成情况评估表

任务名称		时间			
一、综合职业能力成绩					
评分项目	评分内容	配分	自评	小组评分	教师评分
任务完成	完成项目任务，功能正常等	60			
操作工艺	方法步骤正确，动作准确等	20			
安全生产	符合操作规程，人员设备安全等	10			
文明生产	遵守纪律，积极合作，工位整洁	10			
总分					

	二、训练过程记录				
参考资料选择					
操作工艺流程					
技术规范情况					
安全文明生产					
完成任务时间					
自我检查情况					
三、评语	自我整体评价			学生签名	
	教师整体评价			教师签名	

思考与练习

简答题

1. 简述埋弧焊的原理。

2. 埋弧焊设备由哪几部分组成？

3. MZ-1000 型焊机由哪几部分组成？各自的作用是什么？

4. MZJ-1000 型焊机由哪几部分组成？各自的作用是什么？

焊工（中级）职业技能鉴定模拟题

一、判断题

1. 埋弧焊机按焊丝的数目分类，可分为单丝和多丝埋弧自动焊机。（　　）

2. 埋弧焊机一般由弧焊电源、控制系统、焊接机头等部分组成。（　　）

3. 埋弧焊必须使用直流电源。（　　）

4. 埋弧焊必须采用具有陡降外特性的电源。（　　）

5. 埋弧自动焊调整弧长有电弧自身调节和电弧电压均匀调节两种方法。（　　）

6. 埋弧焊时依靠任何一种焊剂都能向焊缝大量添加合金元素。（　　）

7. 焊剂粒度的选择主要依据焊接工艺参数，一般大电流焊接时，应选用粗粒度颗粒；小电流焊接时，应选用细粒度颗粒。（　　）

8. 焊剂回收后，只要随时添加新焊剂并充分拌匀就可重新使用。（　　）

9. 常用的 MZ-1000 型埋弧焊机的送丝方式为等速送丝式。（　　）

二、单项选择题

1. 埋弧焊收弧的顺序应当是（　　）。

A. 先停止焊接小车，然后切断电源，同时通知送丝

B. 先停止送丝，然后切断电源，再停止焊接小车

C. 先切断电源，然后停止送丝，再停止焊接小车

D. 先停止送丝，然后停止焊接小车，同时切断电源

2. 埋弧焊的负载持续率通常为（　　）。

A. 50 %　　　　　　B. 60 %　　　　　　C. 80 %　　　　　　D. 100 %

3. 埋弧焊焊缝自动跟踪传感器的性能，除通常的要求外，还要能抵抗电弧的（　　）。

A. 电磁干扰　　　　B. 辐射　　　　　　C. 弧光　　　　　　D. 烟尘

4. 埋弧焊焊缝自动跟踪系统通常是指电极对准焊缝的（　　）。

A. 左棱边　　　　　B. 右棱边　　　　　C. 中心　　　　　　D. 左、右棱边

5. 埋弧焊焊缝自动跟踪系统的关键装置是（　　）。

A. 执行机构　　　　B. 传感器　　　　　C. 控制线路　　　　D. 原始对中

6. 埋弧焊机电弧传感器只适用于等速送丝的具有（　　）外特性的焊接电源系统。

A. 上升　　　　　　B. 水平　　　　　　C. 陡降　　　　　　D. 缓降

7. 埋弧焊焊缝跟踪系统的电磁传感器在工作状态下的安装高度，一般为（　　）mm 左右。

A. 4　　　　　　　B. 7　　　　　　　C. 10　　　　　　　D. 13

8. 埋弧焊焊缝跟踪系统跟踪白线的广电传感器的优点：可以把传感器安装在焊嘴（　　），从而消除传感器的附加跟踪误差。

A. 前面　　　　　　B. 后面　　　　　　C. 侧面　　　　　　D. 上面

三、多项选择题

1. 埋弧焊时应注意选用（　　）容量要恰当。

A. 弧焊电源　　　　　　　B. 电源开关　　　　　　　C. 熔断器

D. 送丝电动机　　　　　　E. 小车行走电动机　　　　F. 焊剂漏斗

2. 埋弧焊机主要由（　　）等部分组成。

A. 弧焊电源　　　　　　　B. 控制系统　　　　　　　C. 送丝机构

D. 行走机构　　　　　　　E. 送丝电动机　　　　　　F. 焊剂输送与回收装置

3. 埋弧焊电弧的自动调节方法有（　　）。

A. 电弧自身调节　　　　　　　　　　　　B. 电弧非自身调节

C. 靠电流变化实现调节　　　　　　　　　D. 电弧电压均匀调节

E. 电弧电压非均匀调节　　　　　　　　　F. 靠送丝速度变化实现调节

4. 不适合用埋弧焊焊接的金属有（　　）等。

A. 铸铁　　　　　　　　　B. 工具钢　　　　　　　　C. 铝及铝合金

D. 镁及镁合金　　　　　　E. 铅　　　　　　　　　　F. 锌

任务 2.2　CO_2 气体保护焊设备的使用与维护

学习目标

1. 知识目标

1) 了解 CO_2 气体保护焊设备的类型及组成。

2) 能按照安全操作规程操作 CO_2 气体保护焊设备，了解劳动保护要求。

2. 技能目标

1) 掌握 CO_2 气体保护焊设备的使用及维护方法。

2) 能够连接 CO_2 气体保护焊设备并进行实训。

3. 素养目标

1) 具备爱岗敬业、团结协作和注重安全生产的基本素质。

2) 拥有制订工作计划的能力，具备选择完成工作任务的策略、方法的能力，能够开展自主学习、合作学习，能够查找资料、标准和规程，并在工作中实际应用。

二氧化碳气体保护焊的冶金特性

二氧化碳气体保护焊材料

任务描述

图 2-2-1 所示为 CO_2 气体保护焊设备结构示意图。通过学习，学生应了解 CO_2 气体保护焊设备的组成，CO_2 气体保护焊设备类型、CO_2 气体保护焊设备安全操作规程及劳动保护要求。

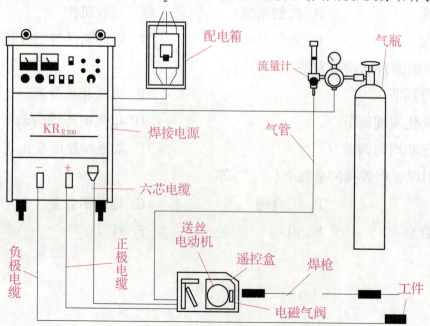

图 2-2-1　CO_2 气体保护焊设备结构示意图

任务分析

由图 2-2-1 可知，常用的 CO_2 气体保护焊设备主要由焊接电源、焊枪、送丝机构、CO_2 供气装置、控制系统等部分组成。如何掌握 CO_2 气体保护焊设备的使用、维护与安全操作规程及劳动保护要求，是我们接下来将要学习的内容。

必备知识

2.2.1 CO_2 气体保护焊设备的类型

CO_2 气体保护焊设备包括半自动焊设备和自动焊设备，二者的主要区别为 CO_2 半自动焊设备用手工操作焊枪完成电弧热源移动，而送丝、送气等与 CO_2 自动焊设备一样，由相应的机械装置来完成。CO_2 半自动焊设备的机动性较大，适用于不规则或较短的焊缝焊接；CO_2 自动焊设备主要用于较长的直线焊缝和环形焊缝及机器人的焊接。

2.2.2 CO_2 气体保护焊设备的组成

常用的 CO_2 半自动焊设备主要由焊接电源、焊枪、送丝机构、CO_2 供气装置、控制系统等部分组成。

1. 焊接电源

CO_2 半自动焊采用交流电源时，电弧不稳定，飞溅较大，所以必须使用直流电源，通常选用具有平外特性的弧源整流器。CO_2 半自动焊焊接电源如图 2-2-2 所示。

图 2-2-2　CO_2 半自动焊焊接电源

2. 送丝机构及焊枪

（1）送丝机构

送丝机构由送丝机（包括电动机、减速机、校直机和送丝轮）、送丝软管、焊丝盘等组成，如图2-2-3所示。

图2-2-3 送丝机构

CO_2半自动焊的焊丝送给方式为等速送丝，主要包括拉丝式、推丝式和推拉式3种。

（2）焊枪

焊枪的作用是导电、导丝、导气，按送丝方式可分为推丝式焊枪和拉丝式焊枪，按结构可分为鹅颈式焊枪和手枪式焊枪，按冷却方式可分为空气冷却焊枪和内循环水冷却焊枪。其中，鹅颈式焊枪应用最广。焊枪结构简图如图2-2-4所示。

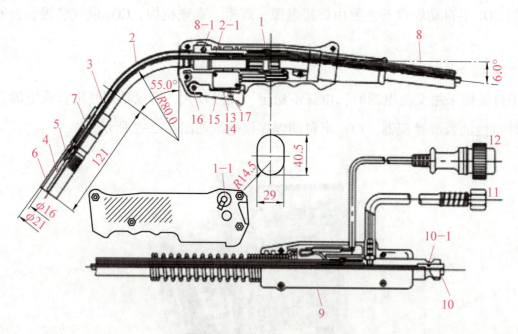

图2-2-4 焊枪结构简图

1—枪把；1-1—螺钉护罩；2—枪管总成；2-1，10-1—O形密封胶圈；3—短送丝管；4—导电嘴；5—分流器；6—喷嘴；7—喷嘴接头；8—电缆总成；8-1—紧固螺钉；9—接线盒；10—长送丝管；11—气管组件；12—电缆组件；13—微动开关；14—开关护罩；15—扳机；16—圆柱销；17—扳机簧

3. CO_2供气装置

CO_2供气装置由气瓶、减压器（带预热器）、流量计和气阀组成。

因为瓶装的液态 CO_2 汽化时要吸热,其中所含水分可能结冰,所以需经预热器加热。减压器是将 CO_2 气体调节至 0.2~0.3MPa 的工作压力,流量计是控制和测量 CO_2 气体的流量,以形成良好的保护气流。

4. 控制系统

CO_2 半自动焊控制系统的作用是对供气装置、送丝机构和供电系统进行控制。CO_2 半自动焊的控制程序框图如图 2-2-5 所示。

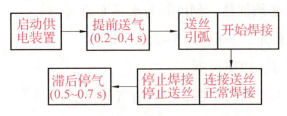

图 2-2-5　CO_2 半自动焊控制程序框图

目前,我国定型生产使用较广的 NBC 系列 CO_2 半自动焊设备包括 NBC-160 型、NBC-250 型、NBC1-350 型和 NBC1-500 型焊机等。此外,OTC 公司的 XC 系列 CO_2 半自动焊机、唐山松下公司的 KR 系列 CO_2 半自动焊机的使用也较广。

2.2.3　CO_2 气体保护焊设备的使用及维护

1. 使用注意事项

(1) 导电嘴

1) 长度以与喷嘴长度相等或比喷嘴短 2~3mm 为宜。

2) 内孔磨损较大时应更换,以保证电弧稳定。

3) 使用时必须拧紧。

4) 焊接时保证干伸长度,以保证焊接质量。

(2) 喷嘴

1) 使用时必须拧紧。

2) 及时清理飞溅物,但不能用敲击的方法。

3) 保证与导电嘴的同心度,以避免产生乱流、涡流。

(3) 焊枪

严禁用焊枪拖拽送丝机。

(4) 送丝管

定期检查送丝阻力,及时清理、除尘。

(5) 焊接电缆

1) 焊接回路中所有连接点应牢固,不得虚接和松接。

2) 加长电缆线时不能盘绕,以防止产生电感。

3）保证电缆截面积与焊机最大电流匹配，不能用钢、铁条代替。

（6）送丝机

1）送丝轮槽径、焊接电源面板上丝径选择、手柄压力与焊丝直径对应。

2）焊接电流应在焊丝直径允许的使用电流范围内。

3）除焊丝铝盘轴外，其他部位不能加油润滑。

（7）供气装置

1）使用 CO_2 时流量计必须加热，刻度管与水平面垂直。

2）气体流量根据电流确定，一般为 15~25L/min。

3）气瓶必须垂直固定好，以防摔倒。

4）供气管路任何部位都应密封严密，不应有气体泄漏。

2. 日常维护

1）检查焊机输出接线应规范、牢固，出线方向向下接近垂直，与水平面夹角必须大于70°。

2）检查电缆连接处的螺钉紧固情况，螺钉规格为六角螺栓 M10×30mm，平垫、弹垫应齐全，无生锈氧化等不良现象。

3）检查接线处电缆裸露长度应小于 10mm。

4）检查焊机机壳应接地牢靠。

5）检查焊机电源、母材接地应良好、规范。

6）检查电源线、焊接电缆与焊机的接线处屏护罩是否完好。

7）检查焊机冷却风扇转动是否灵活、正常。

8）检查电源开关、电源指示灯及调节手柄旋钮是否完好，电流表、电压表指针是否灵活、准确。

9）检查 CO_2 气体有无泄漏。

10）检查焊枪与送丝机构连接处内六角螺钉是否拧紧，焊枪是否松动。

11）检查送丝机构矫正轮、送丝轮是否磨损，磨损严重应及时更换。

12）经常彻底清洁设备表面油污。

13）每半年用压缩空气（不含水分）清洁一次焊机内部的粉尘（一定要切断电源后再清洁）。

2.2.4 CO_2 气体保护焊设备的安全操作规程及劳动保护要求

1) 做好操作人员的培训，做到持证上岗，杜绝无证人员进行焊接作业。

2) 焊接设备要有良好的隔离防护装置，伸出箱体外的接线端应用防护罩盖好；有插销孔接头的设备，插销孔的导体应隐蔽在绝缘板平面内。

3) 应戴绝缘手套、穿安全靴，保护好眼睛及皮肤裸露部位。

4) 应使用带遮光滤光片的焊接用保护面具。

5) 为避免吸入焊接产生的有害气体及金属烟尘，应采取换气措施，并使用呼吸保护用具等。

6) 改变焊接设备接头、转移工作地点、更换熔丝及焊接设备发生故障需检修时，必须在切断电源后进行。推拉刀开关时，必须戴绝缘手套，同时头部需偏斜。

7) 在操作时不应穿有铁钉的布鞋。

8) 在光线不足的环境工作，必须使用手提照明灯。一般环境使用照明灯电压不得超过36V。在潮湿、具有金属容器等的危险环境，使用照明灯电压不得超过12V。

9) 焊接电源各个带电部分及其外壳对地之间必须符合绝缘标准的要求，其电阻值均不小于1MΩ。

10) 焊机不带电的金属外壳，必须采用保护接零或保护接地的防护措施。

11) 焊机的各个接触点和连接件应牢靠，焊机设备摆放要便于检查维修。

12) 在进行化工及燃料容器和管道的焊接作业时，必须采取切实可靠的防爆、防火和防毒等措施。

13) 应加强对电弧光辐射的防护。

14) 焊接时，飞溅较多，尤其粗丝焊接（直径大于1.6mm）更会产生大颗粒飞溅，操作人员应有完善的防护用具，以防灼伤。

15) CO_2 气体在焊接电弧产生的高温下会分解生成对人体有害的 CO 气体，焊接时还会排出其他有害气体和烟尘，特别是在容器内施焊，更应加强通风，而且要戴能供给新鲜空气的特殊面罩，容器外应有人监护。

16) 大电流粗焊丝 CO_2 气体保护焊接时，应防止焊枪水冷系统漏水破坏绝缘，并在焊把前加防护挡板，以免发生触电事故。

任务实施

根据任务分析，在实训基地进行实训。

步骤一：熟悉 CO_2 气体保护焊设备电源

1) CO_2 气体保护焊设备电源前面板如图 2-2-6 所示。

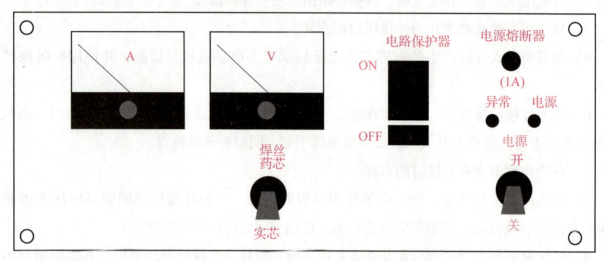

图 2-2-6　CO_2 气体保护焊设备电源前面板

打开焊机前面板的电源开关，电源指示灯亮，风扇转动，焊机进入准备工作状态。开闭电源开关时，电流表指针有时会稍稍晃动，这是正常现象。

2) CO_2 气体保护焊设备电源的电流、电压、异常显示功能如图 2-2-7 所示。

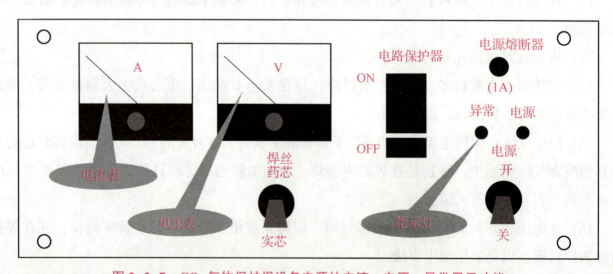

图 2-2-7　CO_2 气体保护焊设备电源的电流、电压、异常显示功能

① 电压表：工作时显示空载电压、焊接电压、收弧电压。
② 电流表：工作时显示焊接电流、收弧电流。
③ 异常显示：晶闸管、过热异常指示灯亮，焊机停止工作。

3) CO_2 气体保护焊设备电源的焊接电流、焊接电压调整功能,如图 2-2-8 所示。

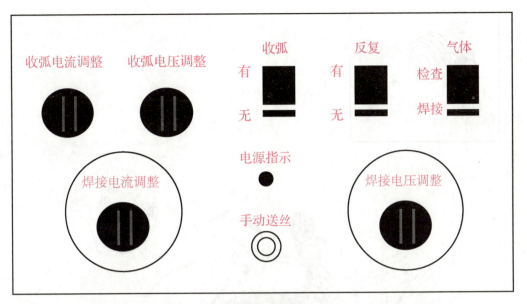

图 2-2-8　CO_2 气体保护焊设备电源的焊接电流、焊接电压调整功能

焊接电流、焊接电压调节电位器都在遥控器上。调整电流电位器,可随意设定焊接电流(60~500A)。电流设定后,根据 $U=16+0.04I$ 调整电压电位器,设定焊接电压(16~45V)。

步骤二:进行操作前的确认和准备

1) 按照图 2-2-9 所示的顺序进行开关的操作与气体流量的调节。

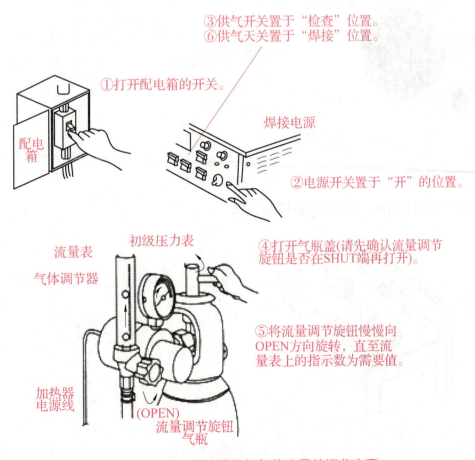

图 2-2-9　开关的操作与气体流量的调节步骤

2) 按照图 2-2-10 所示的顺序安装焊丝。

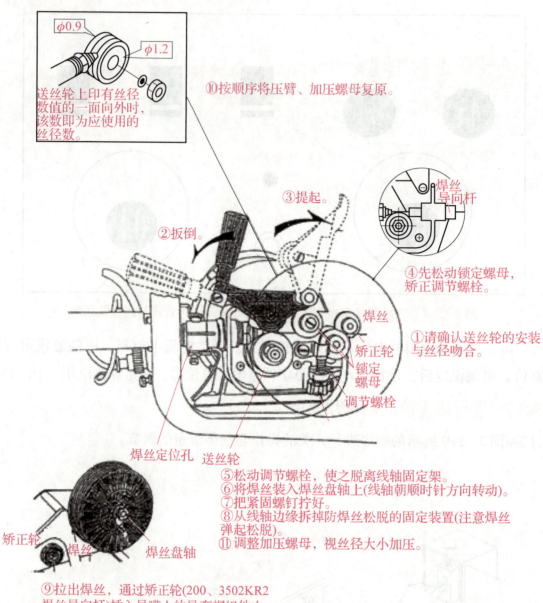

图 2-2-10 焊丝安装流程

3) 按照图 2-2-11 所示的顺序手动控制送丝。

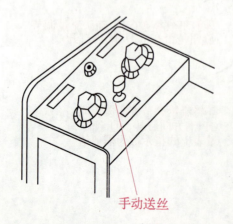

按住手动送丝开关，开始送丝，直到焊枪头处露出15~20mm焊丝，再松开。

注意：直径细的焊丝(φ0.8mm)容易折断，请放慢送丝速度。

图 2-2-11 手动控制送丝

知识链接

1) 选择送丝轮时，只取决于丝径，与焊丝种类无关。

2) 当使用药芯焊丝时，应调节送丝压把的压力，使压力比使用实芯焊丝时小些。

3) 药芯焊丝种类繁多，品牌和制造方法各异，所需压力也稍有区别，故调节压力时应予以注意。

4) 用一条黄绿双色线与焊机接地标示点相连，另一端与地面可靠连接。

5) 查明焊接电源所规定的焊接电压、相数、频率，确保与电网相符再接入电源开关。

6) 安装完毕合上供电开关，再打开焊机的电源开关调整电流到合适位置。

7) 准备试机，按焊枪开关开始送丝，待焊丝送出焊枪 10mm 左右，打开减压阀开关调整调节器，使气流量在为 5~10L/h。作业前，应先设定焊接电流，然后设定焊接电压、焊接速度和气体流量，最后按动焊机开关移动焊枪开始焊接。作业后，应先关闭气瓶阀门，然后关闭焊机开关，最后切断电源开关。

任务评价

请根据表 2-2-1 和表 2-2-2 对任务的完成情况进行评价。

1) 填写 CO_2 气体保护焊设备评估报告单（见表 2-2-1）。

表 2-2-1 CO_2 气体保护焊设备评估报告单

考核内容		考核等级					总评
		优	良	中	及格	不及格	
铭牌上各参数的意义							
半自动焊枪							
送气系统							
焊接电源	电源型号						
	电源外特性						
控制系统							
焊前准备演示							
焊接过程演示							
关机演示							

2）填写任务完成情况评估表（见表2-2-2）。

表2-2-2 任务完成情况评估表

任务名称			时间		
一、综合职业能力成绩					
评分项目	评分内容	配分	自评	小组评分	教师评分
任务完成	完成项目任务，功能正常等	60			
操作工艺	方法步骤正确，动作准确等	20			
安全生产	符合操作规程，人员设备安全等	10			
文明生产	遵守纪律，积极合作，工位整洁	10			
	总分				
二、训练过程记录					
参考资料选择					
操作工艺流程					
技术规范情况					
安全文明生产					
完成任务时间					
自我检查情况					
三、评语	自我整体评价			学生签名	
	教师整体评价			教师签名	

思考与练习

简答题

1. CO_2 气体保护焊设备由哪几部分组成？
2. 简述 CO_2 气体保护焊设备的安装步骤。
3. CO_2 气体保护焊设备电源面板显示功能应如何调节？
4. 简述 CO_2 气体保护焊焊丝的安装流程。

焊工（中级）职业技能鉴定模拟题

一、判断题

1. CO_2 气体保护焊焊接电源有直流电源和交流电源两种。　　　　　　　　　（　　）
2. CO_2 气体保护焊的送丝方式有拉丝式、推丝式和推拉式3种。　　　　　　（　　）
3. CO_2 气体预热器的作用是防止 CO_2 从液态变为气态时，由于放热反应而使瓶阀及减压器冻结。　　　　　　　　　　　　　　　　　　　　　　　　　　　　　（　　）

4. CO_2 气体保护焊采用直流电源时,极点的压力大,所以造成大颗粒飞溅。（　）

5. CO_2 气体保护焊焊接电流增大时,熔深、熔宽和余高都相应地增加。（　）

6. CO_2 气体保护焊设备,必须采用交流电源。（　）

7. 使用 CO_2 气体保护焊设备焊接,不会产生有毒气体 CO。（　）

8. 使用 CO_2 气体保护焊设备焊接,焊接飞溅引起火灾的危险性比其他焊接方法大。
（　）

9. 使用 CO_2 气体保护焊设备焊接结束后,必须切断电源盒气源,并且检查焊接现场,确定无火种后方能离开。（　）

10. CO_2 气体保护焊采用的焊接电源为直流正接。（　）

11. CO_2 气体保护焊时,既要考虑焊接部位的防风问题,又要考虑焊接场所的通风问题。
（　）

12. CO_2 气瓶压力表指示的压力,代表气瓶内 CO_2 气体的储存量。（　）

13. CO_2 气体保护焊应采用直流反接法操作。（　）

14. CO_2 气体保护焊的供电可在送丝之前接通或与送丝同时接通,在停焊时,要求先停止送丝而后断电。（　）

15. 推丝式送丝机构适用于长距离输送焊丝。（　）

16. 推丝式 CO_2 气体保护焊焊枪所用焊丝直径多在 461mm 以下,焊枪的冷却一般采用自冷的方式。（　）

17. 拉丝式送丝机构只适用于短距离输送焊丝。（　）

18. 拉丝式 CO_2 气体保护焊焊枪的主要特点是送丝均匀稳定,焊枪活动范围大,通常使用直径为 $\phi 0.5 \sim 0.8$ mm 的细焊丝。（　）

19. 标准 CO_2 气瓶压力表所显示的数值,代表气瓶中液态 CO_2 的多少。（　）

20. 焊接飞溅是 CO_2 气体保护焊的主要特点。（　）

21. CO_2 气体保护焊使用药芯焊丝时,只能用具有平特性的电源。（　）

二、单项选择题

1. CO_2 气体保护焊的送丝方式中,（　）适用于 $\phi 0.8$ mm 的细丝。

A. 推丝式　　　　B. 拉丝式　　　　C. 推拉丝式　　　　D. 拉推丝式

2. CO_2 气体保护焊用的 CO_2 气瓶,采用预热器时,电压应低于（　）。

A. 60V　　　　B. 36V　　　　C. 12V　　　　D. 6V

3. CO_2 气体保护焊的焊丝伸出长度通常取决于（　）。

A. 焊丝直径　　　B. 焊接电流　　　C. 电弧电压　　　D. 焊接速度

4. CO_2 气体保护焊焊丝伸出长度取决于焊丝直径,约以焊丝直径的（　）倍为宜。

A. 10　　　　B. 8　　　　C. 6　　　　D. 4

5. 进行 CO_2 气体保护焊前,应对 CO_2 气体进行适当干燥,仔细清除焊丝、焊件上的油污,

并保证 CO_2 气瓶压力大于大气压，这时焊缝如出现气孔，则多是(　　)气孔。

A. H_2　　　　B. N_2　　　　C. CO　　　　D. CO_2

6. CO_2 气体保护焊应采用具有(　　)外特性的电源，电弧自身调节作用最好。

A. 上升　　　　B. 缓降　　　　C. 平硬　　　　D. 陡降

7. CO_2 气体保护焊必须采用(　　)电源。

A. 交流　　　　B. 直流正接　　C. 直流反接　　D. 交流、直流都可以

8. CO_2 气瓶的外表应涂成(　　)。

A. 白色　　　　B. 银灰色　　　C. 天蓝色　　　D. 黑色

三、多项选择题

1. CO_2 气体保护焊的供气装置由(　　)组成。

A. 气瓶　　　　B. 预热器　　　C. 干燥器　　　D. 减压阀

E. 流量计　　　F. 电磁气阀

2. CO_2 气体保护焊的主要优点是(　　)。

A. 生产率高　　　　　　　　　B. 成本低

C. 焊接变形和焊接压力小　　　D. 焊接压力大

E. 飞溅小，焊缝含氢量少，焊缝质量高

3. CO_2 气体保护焊的焊接参数有(　　)。

A. 焊丝直径　　B. 焊接电流　　C. 电弧电压　　D. 焊接速度

E. 气体流量　　F. 负载持续率

4. CO_2 气体保护焊的主要特点是(　　)。

A. 生产率高，焊缝熔深大　　　B. 比焊条电弧焊成本低

C. 比焊条电弧焊变形小　　　　D. 焊缝成形比 MIG 焊好

E. 焊缝成形不如 MIG 焊　　　　F. 比焊条电弧焊变形大

5. CO_2 气体保护焊对油污和水分不太敏感，所以通常认为 CO_2 气体保护焊具有较强的(　　)能力。

A. 氧化　　　　B. 抗潮　　　　C. 抗锈　　　　D. 抗腐蚀

E. 抗高温　　　F. 抗疲劳

6. CO_2 半自动焊设备主要由(　　)组成。

A. 焊接电源　　B. 控制系统　　C. 送丝机构　　D. 引弧和稳弧装置

E. 焊枪　　　　F. 气路系统

任务 2.3 氩弧焊设备的使用与维护

学习目标

1. 知识目标

1) 了解氩弧焊设备的类型及组成。

2) 能按照安全操作规程操作氩弧焊设备,了解劳动保护要求。

2. 技能目标

1) 掌握氩弧焊设备的使用及维护方法。

2) 能够连接氩弧焊设备并进行实训。

3. 素养目标

1) 具备爱岗敬业、团结协作和注重安全生产的基本素质。

2) 拥有制订工作计划的能力,具备选择完成工作任务的策略、方法的能力,能够开展自主学习、合作学习,能够查找资料、标准和规程,并在工作中实际应用。

任务描述

图 2-3-1 所示为钨极氩弧焊设备示意图。本任务学习氩弧焊设备的类型及的安全操作规程和劳动保护要求。

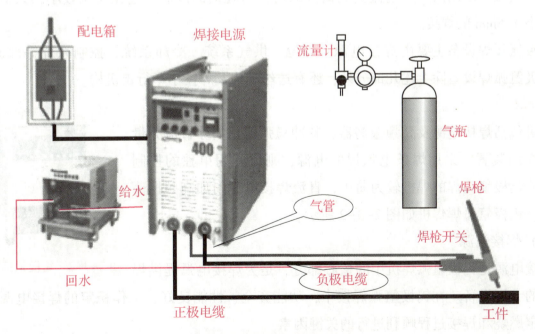

图 2-3-1　钨极氩弧焊设备示意图

任务分析

根据图 2-3-1 可知常用钨极氩弧焊设备的组成。氩弧焊设备的使用及维护方法、安全操作规程及劳动保护要求，是我们接下来将要学习的内容。

必备知识

2.3.1 氩弧焊的原理及分类

氩弧焊是使用氩气作为保护气体的一种气体保护电弧焊方法。焊接时，氩气流从焊枪喷嘴中连续喷出，在电弧区形成严密的保护气层，将电极和金属熔池与空气隔离。同时，利用电极（钨极或焊丝）与焊件之间产生的电弧热量来熔化附加的填充焊丝或自动给送的焊丝及基本金属形成熔池，液态熔池金属凝固后形成焊缝。

氩弧焊根据所用电极材料的不同，可分为钨极（不熔化极）氩弧焊和熔化极氩弧焊；按操作方式，可分为手工氩弧焊、半自动氩弧焊和自动氩弧焊；按采用的电源种类，可分为直流氩弧焊、交流氩弧焊和脉冲氩弧焊等。

2.3.2 钨极氩弧焊设备及组成

钨极氩弧焊是使用纯钨或活化钨（钍钨、铈钨）为电极的气体保护焊。钨极本身不熔化，只起发射电子产生电弧的作用，故又称非熔化极氩弧焊。

钨极氩弧焊所用的焊接电流受到钨极的熔化与烧损的限制，电弧功率较小，只适用于焊件厚度小于 6mm 的焊接。

钨极氩弧焊设备主要由焊接电源、焊枪、供气系统、冷却系统、控制系统等部分组成。自动钨极氩弧焊设备除上述几部分外，还有送丝机构及焊接小车行走机构。

1. 焊机

焊机包括焊接电源及高频振荡器、脉冲稳弧器、消除直流分量装置等控制装置。采用焊条电弧焊的电源，则应配用单独的控制箱。直流钨极氩弧焊的焊机较为简单，直流焊接电源附加高频振荡器即可。钨极氩弧焊焊机如图 2-3-2 所示。

图 2-3-2 钨极氩弧焊焊机

（1）焊接电源

焊接电源是钨极氩弧焊机中的核心部分，是为焊接电弧提供焊接能量的专用设备。在钨极氩弧焊接中，功能齐全、性能良好、工作稳定的焊接电源是保证电弧稳定燃烧和焊接过程顺利进行的关键因素。

钨极氩弧焊焊接电源必须具备钨极氩弧焊所要求的主要电气性能，即满足不同弧焊焊接方法所需的外特性和动特性。

（2）引弧及稳弧装置

钨极氩弧焊使用高频振荡器引弧。交流电源还需使用脉冲稳弧器，以保证重复引燃电弧并稳弧。

高频振荡器是钨极氩弧焊设备的专用引弧装置，是在钨极和工件之间加入约 3 000V 高频电压，这样焊接电源空载电压只要 65V 左右即可达到钨极与焊件非接触而点燃电弧的目的。

高频振荡器供焊接时初次引弧，不用于稳弧，引弧后应立即切断。

脉冲稳弧器施加一个高压脉冲而迅速引弧，并保持电弧连续燃烧，从而起到稳定电弧的作用。

2. 焊枪

钨极氩弧焊焊枪的作用是夹持电极、导电和输送气流，如图 2-3-3 所示。

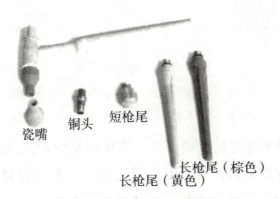

图 2-3-3　钨极氩弧焊焊枪

钨极氩弧焊焊枪分为气冷式焊枪（QQ 系列）和水冷式焊枪（QS 系列）。气冷式焊枪使用方便，但仅限于小电流（150A 以下）焊接使用；水冷式焊枪适宜大电流和自动焊接使用。气冷式焊枪如图 2-3-4 所示，水冷式焊枪如图 2-3-5 所示。焊枪一般由枪体、喷嘴、电极夹持机构、电缆、氩气输入管、水管、开关及按钮等组成。

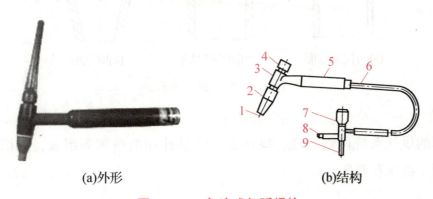

(a) 外形　　　　　　　　(b) 结构

图 2-3-4　气冷式氩弧焊枪

1—钨极；2—陶瓷喷嘴；3—枪体；4—短帽；5—手柄；6—电缆；
7—气体开关手轮；8—通气接头；9—通电接头

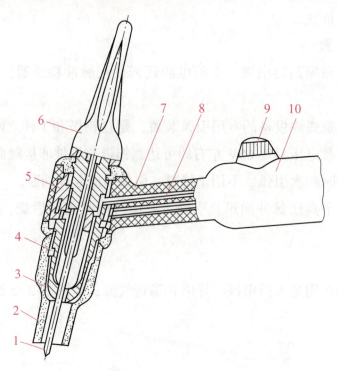

图 2-3-5 水冷式焊枪

1—钨极；2—陶瓷喷嘴；3—导气套管；4—电极夹头；5—枪体；6—电极帽；
7—进气管；8—冷却水管；9—控制开关；10—焊枪手柄

喷嘴是决定氩气保护性能优劣的重要部件，常见的喷嘴形式如图 2-3-6 所示。圆柱带锥形和圆柱带球形的喷嘴，保护效果最佳，氩气流速均匀，容易保持层流，是生产中常用的两种形式。圆锥形的喷嘴，因氩气流速变快，气体挺度虽然好一些，但容易造成紊流，保护效果较差，但其操作方便，便于观察熔池，因此也较常用。

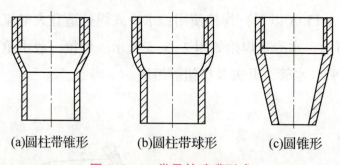

(a)圆柱带锥形　　　(b)圆柱带球形　　　(c)圆锥形

图 2-3-6 常见的喷嘴形式

3. 供气系统

钨极氩弧焊的供气系统由氩气瓶、减压器、流量计和电磁阀等组成，如图 2-3-7 所示。其中，减压器用于减压和调压。

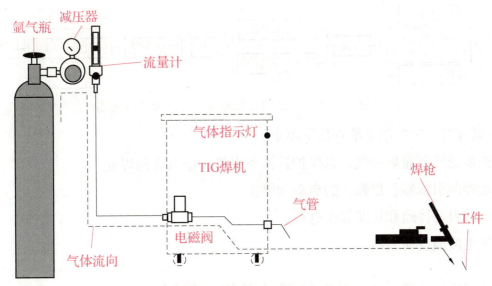

图 2-3-7　钨极氩弧焊的供气系统

1）氩气瓶。外表涂为灰色，并标以"氩气"字样。氩气瓶的最大压力为 14 700kPa，容积一般为 40L。氩气在钢瓶中呈气体状态，从钢瓶中引出后，不需要预热和干燥。

2）流量计用来调节和测量氩气流量的大小，现常将减压器与流量计制成一体，成为组合式，称为气流调节器，如图 2-3-8 所示。

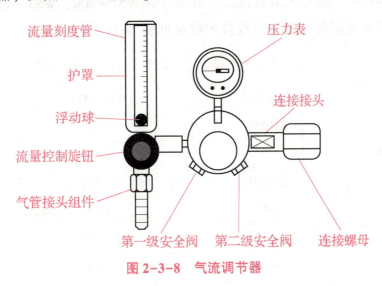

图 2-3-8　气流调节器

3）电磁阀是控制气体通断的装置，能起到提前送气和滞后停气的作用。

4. 冷却系统

当选用的最大焊接电流在 150A 以上时，通常必须通水冷却焊枪和电极。冷却水接通并有一定压力后，才能启动焊接设备。通常在钨极氩弧焊设备中用水压开关或手动来控制水流量。

5. 控制系统

钨极氩弧焊的控制系统是通过控制线路对供电、供气、引弧与稳弧等各个阶段的动作程序实现控制的。图 2-3-9 所示为交流手工钨极氩弧焊的控制程序方框图。

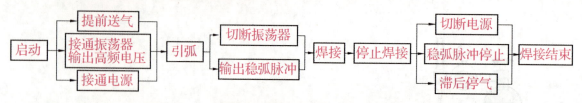

图 2-3-9 交流手工钨极氩弧焊的控制程序方框图

钨极氩弧焊时，对控制系统有如下要求：

1）应提前送气和滞后停气，以保护钨极和引弧、熄弧处的焊缝。

2）自动控制引弧器、稳弧器的启动和停止。

3）手动或自动接通和切断焊接电源。

4）焊接电流能自动衰减。

2.3.3 常用钨极氩弧焊焊机型号及技术数据

目前，钨极氩弧焊焊机按电源性质可分为直流钨极氩弧焊焊机、交流钨极氩弧焊焊机、交直流钨极氩弧焊焊机和脉冲钨极氩弧焊焊机。直流钨极氩弧焊焊机型号有 WS-250、WS-400 等，交流钨极氩弧焊焊机型号有 WSJ-300、WSJ-500 等，交直流钨极氩弧焊焊机型号有 WSE-150、WSE-400 等，脉冲钨极氩弧焊焊机型号有 WSM-200、WSM-400 等。

1）手工直流钨极氩弧焊焊机型号及技术数据见表 2-3-1。

表 2-3-1 手工直流钨极氩弧焊焊机型号及技术数据

型号	WS-250	WS-300	WS-400
输入电源/(V/Hz)	380/50	380/50	380/50
额定输入容量/kW	18	22.5	30
电流调节范围/A	25~250	30~340	60~450
负载持续率/%	60	60	60
工作电压/V	11~22	11~23	13~28
电流衰减时间/s	3~10	3~10	3~10
滞后停气时间/s	4~8	4~8	4~8
冷却水流量（L/min）	>1	>1	>1
外形尺寸/(mm×mm×mm)	690×500×1140	690×500×1140	740×540×1180
质量/kg	260	270	350

2）手工交流钨极氩弧焊焊机型号及技术数据见表 2-3-2。

表 2-3-2　手工交流钨极氩弧焊焊机型号及技术数据

型号	WSJ-300	WSJ-400-1	WSJ-500
输入电源/V	380	380	380
工作电压/V	22	26	30
电流调节范围/A	50~300	50~400	50~500
负载持续率/%	60	60	60
额定电流/A	300	400	500
外形尺寸/(mm×mm×mm)	540×466×800	550×400×1 000	760×540×900
质量/kg	490	490	492

3）手工交直流钨极氩弧焊焊机型号及技术数据见表 2-3-3。

表 2-3-3　手工交直流钨极氩弧焊焊机型号及技术数据

型号	WSE-150	WSE-250	WSE-400
输入电源/V	380	380	380
空载电压/V	82	85	96
工作电压/V	16	11~20	12~28
电流调节范围/A	15~180	25~250	50~450
负载持续率/%	35	60	60
外形尺寸/(mm×mm×mm)	654×166×722	810×620×1 020	560×500×10 000
质量/kg	155	235	344

2.3.4　氩弧焊设备的使用与维护

1. 氩弧焊使用注意事项

（1）作业前

1）检查设备、工具是否良好。

2）检查焊接电源、控制系统是否有接地线，传动部分是否需要加润滑油。转动要正常，氩气、水源必须畅通。如有漏水现象，应立即通知修理。

3）检查焊枪是否正常，地线是否可靠。

4）检查高频引弧系统、焊接系统是否正常，导线、电缆接头是否可靠。对于自动丝极氩弧焊，还要检查调整机构、送丝机构是否完好。

5）检查焊机电源线、引出线及各接点接触是否牢固，二次接地线严禁接在焊机壳体上。

6）焊机接地线及焊接工作回路线不准搭接在易燃易爆的物品上，不准搭接在管道和电力、仪表保护套以及设备上。

7）移动式焊机拆接线均由电工进行。

(2) 作业中

1) 要注意焊枪的额定负载持续率及钨极的许用电流范围。

2) 电极夹套和开口夹套与所用钨极的规格必须一致。

3) 焊接时，钨极应按要求伸出喷嘴端头，以免造成喷嘴烧毁。喷嘴破损应及时更换，并保持良好的清洁、绝缘状态。

4) 使用水冷焊枪，水流量应大于 0.7L/min，焊枪入口处水压为 0.1~0.3MPa，8M 焊枪为 0.15~0.3MPa。

5) 弧焊操纵按钮不得远离电弧，以便在发生故障时可以随时关闭。

6) 采用高频引弧，必须经常检查是否漏电。

7) 不准强制开关电源送断电。

8) 电门箱内禁止存放一切物件，焊机不准随意借给他人使用。

9) 严禁敲击焊枪，枪带应架空，严禁用枪带拖拉焊机。

(3) 作业后

1) 切断电源和气源，对焊机进行清洁。

2) 必须先停电、拆下电源线再移动焊机，严禁带电移动焊机。

3) 作业结束后应清扫作业场地。

4) 若运行中出现异常，必须立即关闭电源和气源，报设备维修部门处理。

2. 弧焊设备的日常维护

1) 每 6 个月用干燥的压缩空气清除焊机内部的灰尘一次。

2) 注意焊机应不受外物的挤压、砸碰。

3) 焊机超载异常报警后，不要关闭电源开关，应利用冷却风扇进行冷却，待恢复正常后降低负载，再重新焊接。

4) 高频振荡器的火花电极表面烧损或污物过多时，应打磨电极表面。安装电极应使用间隙规，间隙调整为 (0.8±0.1)mm。

2.3.5　氩弧焊设备的安全操作规程及劳动保护要求

1) 焊接工作场地必须备有防火设备，如砂箱、灭火器、消防栓、水桶等。易燃物品距离焊接工作场地不得小于 5m。若无法满足规定距离要求，可用石棉板、石棉布等妥善覆盖，防止火星与易燃物品接触。易爆物品距离焊接工作场地不得小于 10m。氩弧焊工作场地要有良好的自然通风和固定的机械通风装置，以减少氩弧焊产生的有害气体和金属粉尘的危害。

2) 手工钨极氩弧焊机应放置在干燥通风处，严格按照使用说明书操作。使用前，应对焊机进行全面检查，确定没有问题再接通电源，空载运行正常后方可施焊。应保证焊机接线正确，必须良好、牢固接地以保障安全。焊机电源的通、断由电源板上的开关控制，严禁在负载状态下扳动开关，以免烧损触头。

3）应经常检查氩弧焊焊枪冷却水系统的工作情况，发现堵塞或泄漏应立即解决，防止烧坏焊枪和影响焊接质量。

4）钨极氩弧焊焊机高频振荡器产生的高频电磁场会使人感到头晕、疲乏，因此焊接时应尽量减少高频电磁场作用的时间，引燃电弧后立即切断高频电源。焊枪和焊接电缆外应用软金属编织线屏蔽（软管一端接在焊枪上，另一端接地，外面不包绝缘）。若有条件，应尽量采用晶体脉冲引弧取代高频引弧。

5）氩弧焊时，紫外线强度很大，易引起电光性眼炎、电弧灼伤，同时产生的臭氧和氮氧化合物会刺激呼吸道，因此，操作人员操作时应穿工作服，戴好口罩、面罩及绝缘手套、脚盖等。为了防止触电，应在工作台附近地面覆盖绝缘橡胶，操作人员应穿绝缘胶鞋。

6）不准在电弧附近吸烟、进食，以免将臭氧、烟尘吸入体内。

7）磨钍钨极时必须戴口罩、手套，并严格按照砂轮机操作规程操作。最好选用铈钨极（放射量小些）。砂轮机必须装抽风装置。

8）操作人员应随时佩戴口罩。操作时，尽量减少在高频电源下的作业时间。连续工作时间不得超过6h。

9）弧焊工作场地必须空气流通。工作中应开动通风设备。通风设备失效时，应停止工作。

10）不许撞砸氩气瓶，气瓶立放必须有支架，并远离明火3m以上。

11）在容器内部进行氩弧焊时，应戴专用面罩。容器外应设人监护和配合。

12）正负钨棒应存放于铅盒内。

2.3.6 钨极氩弧焊机常见故障的排除

钨极氩弧焊机常见故障现象及排除方法见表2-3-4。

表2-3-4 钨极氩弧焊机常见故障现象及排除方法

故障现象	可能原因	排除方法
合上电源开关，电源指示灯不亮，拨动焊把开关，无任何动作	(1) 电源开关接触不良或损坏； (2) 熔丝烧断； (3) 指示灯损坏	(1) 更换电源开关； (2) 更换熔丝； (3) 更换指示灯
电源指示灯亮，水流开关指示灯不亮，拨动焊把开关，无任何动作	(1) 水流开关失灵或损坏； (2) 水流量小	(1) 更换或修复水流开关； (2) 增大水流量
电源及水流指示灯均亮，拨动焊把开关，无任何动作	(1) 焊把开关损坏； (2) 继电器KA_2损坏	(1) 更换焊把开关； (2) 更换继电器KA_2
焊机启动正常，但无保护气输出	(1) 气路堵塞； (2) 电磁阀损坏或气阀线圈接入端接触不良	(1) 清理气路； (2) 检修电磁阀或更换气阀； (3) 检修接线处

续表

故障现象	可能原因	排除方法
拨动焊把开关，无引弧脉冲	引弧触发回路或脉冲发生主回路发生故障	（1）检修 T_2 输出侧与焊接主回路连接处； （2）检修引弧触发回路及输入、输出端； （3）检修脉冲发生主回路和脉冲旁路回路
有引弧脉冲，但不能引弧	引弧脉冲相位不对或焊接电源不工作	（1）对调焊接电源输入端或输出端； （2）调节 RP_{16} 使引弧脉冲加在电源空载电压90°处； （3）检修接触器 KM 或焊接电源输入端接线
引弧后无稳弧脉冲	稳弧脉冲触发回路发生故障	先切断引弧触发脉冲，然后检修稳弧脉冲触发回路
接通焊机电源，即有脉冲产生	晶闸管 $VSCR_1$、$VSCR_2$ 中的一支或两支正向阻断电压过低	更换 $VSCR_1$ 和 $VSCR_2$
引弧脉冲和稳弧脉冲互相干扰	引弧脉冲相位偏差过大	调节 RP_{16} 使引弧脉冲加在电源空载电压90°处
稳弧脉冲时有时无	晶闸管 $VSCR_1$、$VSCR_2$ 中的一支击穿，另一支正向阻断电压低	更换击穿或特性差的晶闸管
引弧及稳弧脉冲弱，工作不可靠	高压整流电压过低或 R_2 阻值偏大	（1）检修 VC_1 是否有一桥臂损坏而成为半波整流； （2）减小 R_2 的阻值

任务实施

根据任务分析，在实训基地进行设备连接安装训练。

步骤一：焊机接线

1）焊机距墙壁 20cm 以上，两台并列放置时要相隔 30cm 以上。
2）焊机放在避免阳光直射、避雨、湿度和灰尘小的房间里。
3）焊机外壳必须接地，电缆直径应大于 14mm。
4）焊机输入、输出的连接必须牢固，并加以绝缘防护。
5）焊机的输入、输出电缆截面积应符合要求，长度不应过长。

步骤二：焊枪本体的组装

焊枪组装顺序如图 2-3-10 所示，焊枪本体如图 2-3-11 所示。

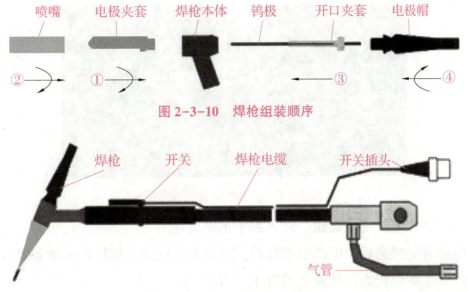

图 2-3-10　焊枪组装顺序

图 2-3-11　焊枪本体

具体组装方法如下：

1）将电极夹套与焊枪本体安装牢固，保证导电良好。

2）将喷嘴安装到焊枪本体上。

3）将钨极和开口夹套插入已安装好的电极夹套内。注意：钨极直径与开口夹套规格必须一致。

4）将电极帽与焊枪本体拧紧，通过电极夹套和开口夹套将钨极夹紧，保证导电良好，否则易造成焊枪的烧损。

步骤三：氩弧焊设备系统连接示意图

氩弧焊设备系统连接示意图如图 2-3-12 所示。

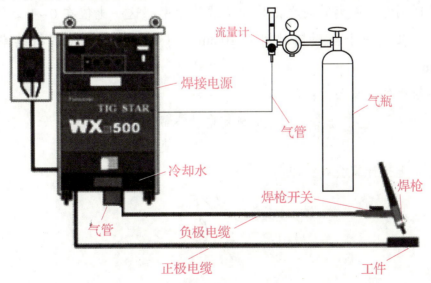

图 2-3-12　氩弧焊设备系统连接示意图

步骤四：氩弧焊设备电源前面板调试

氩弧焊设备电源前面板如图2-3-13所示。调试步骤如下：

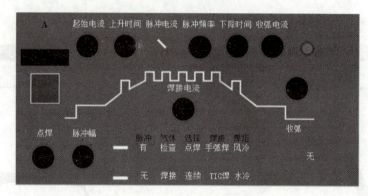

图2-3-13　氩弧焊设备电源前面板

1) 焊接前应将相应的功能旋钮、开关置于正确位置。
2) 焊机电源开关接通后，电源指示灯亮，冷却风扇转动，焊机进入准备焊接状态。
3) 将前面板上的焊接方法切换开关置于"TIG"侧。
4) 选择并切换收弧控制"有""无"开关。
5) 接通配电箱开关。
6) 将后面板的电源开关设在"ON"侧。
7) 根据需要调节气体流量后开始作业。

知识链接

焊机使用时应注意负载持续率，并且不许超过额定电流使用。

为了既满足实际焊接生产的需要，又减轻焊机质量，降低制造成本，节约能源，通常焊机容量是按额定负载持续率和额定电流进行设计的，因此使用时必须给予足够的重视。

负载持续率：国家标准《弧焊设备 第1部分：焊接电源》（GB 15579.1—2013）规定，给定的负载持续时间与全周期时间之比称为负载持续率。这一比值在0~1之间，可用百分数表示。根据国家标准，一个全周期时间为10min。例如，在60%负载持续率时，施加负载6min，空载4min。

实际负载持续率的计算公式：

$$实际负载持续率 = \frac{额定电流^2 \times 额定负载持续率}{实际使用电流^2} \tag{2-3-1}$$

用符号来表示上述计算公式，即

$$F_d = \frac{I_e^2 \times F_e}{I_d^2} \tag{2-3-2}$$

公式变换：

$$F_\mathrm{d} I_\mathrm{d}^2 = F_\mathrm{e} I_\mathrm{e}^2 \tag{2-3-3}$$

式（2-3-3）左侧的乘积表示实际焊接时需要焊机输出的能力，右侧的乘积表示焊机的工作能力。很明显，左侧的乘积只能小于或等于右侧的乘积；否则，焊机就要超负荷工作，即温度上升，异常报警，使焊机停止工作，从而影响焊机使用寿命。

任务评价

请根据表2-3-5和表2-3-6，对任务的完成情况进行评价。

1) 填写氩弧焊设备评估报告单（见表2-3-5）。

表 2-3-5　氩弧焊设备评估报告单

考核内容		考核等级					总评
		优	良	中	及格	不及格	
铭牌上各参数的意义							
钨极氩弧焊焊枪							
送气系统							
焊接电源	电源型号						
	电源外特性						
控制系统							
焊前准备演示							
焊接过程演示							
关机演示							

2) 填写任务完成情况评估表（见表2-3-6）。

表 2-3-6　任务完成情况评估表

任务名称			时间		
一、综合职业能力成绩					
评分项目	评分内容	配分	自评	小组评分	教师评分
任务完成	完成项目任务，功能正常等	60			
操作工艺	方法步骤正确，动作准确等	20			
安全生产	符合操作规程，人员设备安全等	10			
文明生产	遵守纪律，积极合作，工位整洁	10			
总分					

二、训练过程记录				
参考资料选择				
操作工艺流程				
技术规范情况				
安全文明生产				
完成任务时间				
自我检查情况				
三、评语	自我整体评价		学生签名	
	教师整体评价		教师签名	

思考与练习

简答题

1. 简述氩弧焊的原理。
2. 手工钨极氩弧焊设备由哪几部分组成？
3. 简述氩弧焊设备的安装步骤。
4. 氩弧焊设备的使用注意事项有哪些？

焊工（中级）职业技能鉴定模拟题

一、判断题

1. 钨极氩弧焊时，高频振荡器的作用为引弧和稳弧，因此在焊接过程中始终工作。（   ）
2. 钨极氩弧焊时，直流反接比直流正接钨极电流承载能力高。（   ）
3. 钨极氩弧焊时，电磁阀是以电流信号控制保护气流的通气和断气的。（   ）
4. 钨极氩弧焊时，应该尽量减少高频振荡器的工作时间，引燃电弧后立即切断高频电源。（   ）
5. 钨极氩弧焊时的喷嘴直径及气体流量都比熔化极氩弧焊时的大些。（   ）
6. 钨极氩弧焊时，因为所用的钨极逸出功较高，所以要求焊机空载电压较高。（   ）
7. 手工钨极氩弧焊几乎可以焊接所有的金属材料。（   ）
8. 手工钨极氩弧焊用高频振荡器引弧时，应尽可能使连线长些，这样有利于引弧。（   ）
9. 氩弧焊实质上就是利用氩气作为保护介质的一种电弧焊接方法。（   ）
10. 氩弧焊机的空载电压越高越好。（   ）

二、单项选择题

1. 钨极氩弧焊时，易燃物品距离焊接现场不得小于(   )m。

A. 5　　　　　　　B. 8　　　　　　　C. 10　　　　　　　D. 15

2. 钨极氩弧焊时，易爆物品距离焊接现场不得小于(　　)m。

A. 5　　　　　　　B. 8　　　　　　　C. 10　　　　　　　D. 15

3. 钨极氩弧焊采用(　　)电源时，可提高钨极许用电流，并且钨极烧损小。

A. 直流正接　　　B. 直流反接　　　C. 交流　　　D. 交流脉冲

4. 粗丝熔化极氩弧焊，要求焊机具有(　　)的外特性曲线。

A. 缓上升特性　　B. 下降特性　　　C. 平特性　　D. 陡上升特性

5. 细丝熔化极氩弧焊，应采用具有(　　)的电源。

A. 上升特性　　　B. 缓降特性　　　C. 平特性　　D. 陡降特性

6. 钨极氩弧焊时，电极发射电子的主要形式是(　　)。

A. 热发射和光发射　　　　　　　　B. 光发射和撞击发射

C. 热发射和撞击发射　　　　　　　D. 热发射和强电场发射

7. 氩弧焊过程中，使用高频振荡器时，将产生250Hz/3 000V 高压，高频电磁场强度在60～110V/m 之间，超过国家卫生标准(　　)数倍。

A. 5V/m　　　　　B. 1510V/m　　　C. 15V/m　　　D. 20V/m

三、多项选择题

1. 手工钨极氩弧焊机的基本组成包括(　　)等。

A. 焊接电源　　　B. 控制系统　　　C. 引弧装置　　D. 稳弧装置

E. 焊枪　　　　　F. 钨极

2. 手工钨极氩弧焊机的焊接电流较大时，必须用水冷却(　　)。

A. 焊接电源　　　B. 控制系统　　　C. 引弧装置　　D. 稳弧装置

E. 焊枪　　　　　F. 钨极

3. 手工钨极氩弧焊时，直流正接电源适用于焊接(　　)。

A. 低碳钢　　　　B. 不锈钢　　　　C. 钛及钛合金　　D. 铜及铜合金

E. 镁及镁合金　　F. 铝及铝合金

4. 手工钨极氩弧焊时，交流电源适用于焊接(　　)。

A. 低碳钢　　　　B. 不锈钢　　　　C. 钛及钛合金　　D. 铜及铜合金

E. 镁及镁合金　　F. 铝及铝合金

参考文献

[1] 刘云龙. 焊工鉴定考核试题库：初级工、中级工适用[M]. 北京：机械工业出版社，2011.

[2] 陈裕川. 焊接结构制造工艺实用手册[M]. 北京：机械工业出版社，2012.

[3] 胡绳荪，杨立军. 弧焊电源及控制[M]. 北京：化学工业出版社，2010.

[4] 张永吉，乔长君. 电焊机维修技术[M]. 北京：化学工业出版社，2011.

[5] 王建勋，任廷春. 弧焊电源[M]. 3版. 北京：机械工业出版社，2013.

[6] 叶建平. 全桥逆变焊机的过流保护及高频引弧[J]. 电焊机，1999，29（10）：12-15.

[7] 唐云岐. 焊工工艺与技能训练[M]. 北京：中国劳动社会保障出版社，2005.

[8] 刘太湖. 焊接设备[M]. 北京：北京理工大学出版社，2013.